新时代落后农村公益文化设施建设研究

XINSHIDAI LUOHOU NONGCUN
GONGYI WENHUA SHESHI JIANSHE YANJIU

狄国忠·著

黄河出版传媒集团
宁夏人民出版社

图书在版编目（CIP）数据

新时代落后农村公益文化设施建设研究 / 狄国忠著
. -- 银川：宁夏人民出版社，2020.8
ISBN 978-7-227-07255-3

Ⅰ．①新… Ⅱ．①狄… Ⅲ．①农村－文化建筑－基础
设施建设－研究－中国 Ⅳ．① TU242

中国版本图书馆 CIP 数据核字（2020）第 160771 号

新时代落后农村公益文化设施建设研究　　　　　　　　　　　　狄国忠　著

责任编辑　周淑芸
责任校对　姚小云
封面设计　晨　皓
责任印制　马　丽

 黄河出版传媒集团
宁夏人民出版社 出版发行

出 版 人　薛文斌
地　　　址　宁夏银川市北京东路 139 号出版大厦（750001）
网　　　址　http://www.yrpubm.com
网上书店　http://www.hh-book.com
电子信箱　nxrmcbs@126.com
邮购电话　0951-5052104　5052106
经　　　销　全国新华书店
印刷装订　宁夏凤鸣彩印广告有限公司
印刷委托书号　（宁）0018419

开　　本　720 mm×980 mm　　　1/16
印　　张　12.75
字　　数　195 千字
版　　次　2020 年 8 月第 1 版
印　　次　2020 年 8 月第 1 次印刷
书　　号　ISBN 978-7-227-07255-3
定　　价　39.00 元

目　录

绪　论

　　在本书研究中，我国落后农村是指六盘山区、秦巴山区、武陵山区、乌蒙山区、滇桂黔石漠化区、滇西边境山区、大兴安岭南麓山区、燕山—太行山区、吕梁山区、大别山区、罗霄山区等集中连片特困地区和已明确实施特殊政策的西藏、四省藏区、新疆南疆三地州的农村。加强落后农村公益文化设施建设，对于保障落后农村群众的基本文化权益，宣传党和国家的大政方针政策，提高贫困群众的科学文化素质和道德素养，促进落后农村群众的全面发展意义重大。要大力加强落后农村公共文化服务体系建设，使落后农村公共文化服务能力和水平有明显提高、群众基本文化权益得到有效保障、基本公共文化服务主要指标趋近于全国平均水平，使落后农村与全国平均水平的发展差距逐渐缩小，使公共文化在提高落后农村群众科学文化素质、促进当地经济社会全面发展方面发挥更大作用。

一、我国落后农村公益文化设施建设的研究现状和研究价值

　　国内外学者专家对相关问题的研究，更多涉及的是农村公共文化管理与

服务，以及公益文化设施建设与服务的理论和实践问题，有关落后农村公益文化设施建设及服务的研究不够。落后农村公益文化设施建设及服务的研究，对于建立解决相对贫困的长效机制、实施乡村振兴战略、推动农村全面发展具有重要的价值。

（一）研究现状

国外专家学者有关农村公益文化设施建设的研究，更多的是将其纳入农村基本公共服务的范畴来进行，较少将农村公益文化设施建设单列研究。从研究现状来看，主要有两大方面：其一，农村公共文化设施建设的理论基础研究。早在 300 年前，大卫·休谟就开始关注公共产品和服务。他认为，有些任务的完成对于个体没有好处，但对于全社会却大有益处，因此只能通过集体行动来执行。此后，亚当·斯密、李嘉图、马歇尔、帕累托、庇古、凯恩斯、林达尔等著名学者对此问题从各方面做了研究和探索，20 世纪 50 年代以后形成了以萨缪尔森为代表的公共产品理论和以登哈特夫妇为代表的新公共服务理论，等等。其二，农村公共文化产品与服务的实践研究。从农村公共文化产品与服务的实践来看，美国实施的是由政府、企业和社会团体多元参与并共同生产和提供的农村公共产品与服务供给体系，而日本和韩国实施的是以中央政府为主体、通过各级农业合作组织参与的农村公共产品与服务供给体系，它们的共同点都是在政府主导或引导下的市场经济环境中运行的。国内专家学者在此方面的研究，主要有以下几个方面：一是对公益文化设施建设意义方面的研究。贺善侃认为："公益文化设施建设，有效保障了人民基本文化权益，使其社会文化生活变得丰富多彩，是激发全民族文化创造活力、提高人民文化自觉的一条基本途径。"[1] 二是对创新农村公益文化发展载体的研究，门若煜认为："利用和创新好农村社区文化载体的特性和功能，能够更加有效地促进农村社区公益性文化建设事业的健康发展。"[2] 三是财政支持公益文化设施方面的研究。杜方认为："我国财政应该大力支持公益文化设施免费开放。"[3] 四是我国农村公益文化设施建设的问题研究。

---

[1] 贺善侃.发展公益文化与提高人民的文化自觉 [J].红旗文稿，2010（10）
[2] 门若煜.创新文化载体 促进农村公益文化事业健康发展 [J].边疆经济与文化，2010（12）
[3] 杜方.财政支持公益文化设施的现状、问题及对策[J].河北大学学报(哲学社会科学版)，2009(3)

郑丕甲认为："当前我国农村公益文化设施建设存在着融资渠道狭窄、设备老旧、服务低下以及发展不平衡等问题。"[1]五是农村公共文化设施建设方面的研究。魏希认为："要实现农村公共文化的繁荣发展，首先要解决的问题是农村的公共文化设施的建设问题。"[2]等等。

总体上，学术界对于农村公益文化设施建设方面的研究主要归结为三个方面：一是把农村公益文化设施建设纳入公共文化产品供给的范畴研究；二是对公益文化设施建设的现状、问题和对策进行研究；三是对农村公共文化设施建设方面的研究。至于对落后农村公益文化设施建设的系统研究还是不够的。本书的研究，有助于弥补学术界研究的不足。

（二）研究价值

从理论上讲，对落后农村公益文化设施建设等相关问题的研究，有利于弥补我国在农村公益文化建设特殊性研究方面的不足，以及对传统理论认识和研究的局限。

从实践上看，加强对落后农村公益文化设施建设的研究，有利于为国家财政优先支持落后农村公益文化设施建设提供依据，推进中国相对落后农村的全面发展。

从政策角度来说，通过对落后农村公益文化设施建设进行有针对性的研究，分析其存在的问题，结合我国精准扶贫的实施，给出相应的对策建议，对于党和政府调整相关政策具有一定的参考意义。

二、我国落后农村公益文化设施建设研究的基本观点和主要内容

公益文化设施是落后农村群众自我发展的重要平台，是满足落后农村群众过上美好生活的现实需要。加强落后农村公益文化设施建设研究，对推进落后农村公益文化设施建设具有重要意义。

（一）基本观点

农村公益文化设施是满足农村群众文化需求的重要载体，是面向农村群众传播科学文化知识、宣传党的路线方针政策、示范指导的物质基础，是向

① 郑丕甲．当前我国农村公益性文化存在的问题及对策［J］．学理论，2014（13）
② 魏希．新农村建设背景下江西省农村公共文化设施建设研究［D］．南昌大学，2010

农村群众提供积极向上、向善的精神文化产品和提高农村群众思想道德素质的基本场所。

我国落后农村公益文化设施建设，是我国公益文化事业发展的有机组成部分，是实现脱贫富民和乡村振兴战略的重要内容。现实中，惠及全民的、保障我国落后农村群众基本文化权益的公益文化设施与服务，不能通过市场有效提供，必须由政府提供。因此，满足我国落后农村群众基本文化需求，政府需要对其予以保障。

我国落后农村公益文化设施建设，必须以习近平新时代中国特色社会主义思想为指导，坚持以人民为中心的发展思想，坚持科学发展原则。要根据农村公益文化的特质，结合落后农村群众的需求，推进落后农村公益文化设施建设与服务。

我国落后农村公益文化设施缺乏的状况总体上得到了基本缓解，公益文化的建设与发展得到了基本保障，农村群众文化生活日益丰富。但同时必须看到，落后农村公益文化设施建设的薄弱环节仍然比较明显，甚至还存在着公益文化设施落后、公益文化服务投入经费严重不足、公益文化建设人才短缺等各种问题。

我国落后农村公益文化设施建设与服务，一要依靠中央财政有计划地大量投入和监管完成；二要借助国家重点扶持和精准帮扶措施，依靠发达省区包片援助完成；三要鼓励慈善机构、企业及个人捐赠等有力支持来完成；四是提高农村公益文化管理者的服务意识；五是完善农村公益文化管理与服务的体制机制；六是拓宽农村公益文化服务供给领域；七是加强农村公共数字文化建设；八是培养农村公益文化管理和服务的人才队伍；九是加强政府对公益文化服务管理的考核和监督。

（二）研究内容

1. 落后农村公益文化设施的功能与作用

（1）功能

包括凝聚人心的功能、规范教化的功能、传创整合的功能、审美娱乐的功能、推动发展的功能等。

（2）作用

我国落后农村公益文化设施，是农村群众求富、求知、求乐的首要场所，是党和国家大政方针传播的重要载体，是推进农村群众思想道德建设的主阵地，是实现乡风文明、传承地方特色文化的重要平台。

2.落后农村公益文化设施建设的相关理论依据

（1）马克思主义关于社会存在与社会意识的关系原理

历史唯物主义认为，一定时期的社会意识总是由当时的社会存在决定的，社会意识是社会存在的反映。反过来，社会意识并不完全是被动的，它对社会存在具有能动的反作用。马克思认为："不是人们的意识决定人们的存在，相反，是人们的社会存在决定人们的意识。"①

（2）中共几代领导集体的文化发展理论

毛泽东提出"坚持百花齐放、推陈出新、洋为中用、古为今用"的方针。②邓小平强调"文艺为人民服务，为社会主义服务"的方向。③江泽民提出"先进文化"的理念。胡锦涛强调要"在重视发展公益性文化事业的同时，坚持经济效益与社会效益相统一"等。习近平提出："要大力繁荣发展文化事业，以基层特别是农村为重点，深入实施重点文化惠民工程，进一步提高公共文化服务能力，促进基本公共文化服务标准化、均等化。"④要创新和完善落后农村公益文化设施建设的决策、投入、运行管护机制，积极引导社会力量参与落后农村公益文化设施建设。

（3）公共产品理论

公共产品理论认为，公共产品是消费上不具竞争性、受益上不具排他性、效用上不具分割性的产品或服务。由于市场竞争机制的效率性、外部性或自然垄断等原因，它在提供公共产品时会存在某些"失灵"，因而公共产品必须由政府主导提供。公共文化产品同样具有消费的公众性、公用性等公共产品特征，以及公共文化产品提供的公正性、公开性和价值目标上的公益性等特征，它自

---

① 王继全.马克思主义利益观视阈中的思想政治教育［D］.苏州大学，2012
② 裴植，程美东.中国共产党历代领导人对中国传统文化的古为今用、推陈出新［J］.毛泽东邓小平理论研究，2015（4）
③ 杨志今.坚持正确创作方向［J］.求是，2011（22）
④ 这三年，习近平实践文化强国的三个思路［EB/OL］.央广网，2016-01-06

然需要政府主导提供。

3.落后农村公益文化设施建设的基本类型

包括农村公益文化设施建设、文化信息资源共享工程建设、广播电视进万家工程建设、农家书屋工程建设、农村文化娱乐设施建设等。

4.落后农村公益文化设施建设的现状与问题

（1）现状

我国落后地区的县级文化馆、图书馆，乡镇文化站或乡镇综合文化活动中心已基本实现全覆盖，行政村文化室或文化活动中心已基本建成。近几年，"随着国家财政力量的增强，文化部和财政部联合实施了全国文化信息资源共享工程、送书下乡、流动舞台车工程等一些重大有影响的文化工程，总体上带动了农村公益文化资源的整合，产生了很好的社会效益"①，但落后农村公益文化设施建设总体上还明显地滞后。

（2）问题

落后农村公益文化设施建设存在的主要问题：一是农村公益文化设施严重滞后。我国落后地区经济相对落后，农村公益文化设施也远远落后于全国其他地区。二是农村公益文化设施建设的经费保障不足。三是农村公益文化设施的管理人员编制缺少、力量薄弱。由于条件艰苦，待遇低，留不住文化骨干。四是地方财政投入农村公益文化设施建设的能力明显不足。

5.落后农村公益文化设施建设采取的主要措施

（1）加强落后农村公益文化设施建设

国家要加大资金投入力度，中央财政优先对设施设备陈旧落后的农村公益文化设施建设进行资金补助，安排专项转移资金扶持公益文化设施建设，取消地方财政配套。

（2）实施落后农村公益文化精准扶持政策

国家要对落后农村公益文化建设给予特殊政策帮扶，提高落后乡镇综合文化站补助标准；统筹落后农村重点扶贫工程，鼓励发达省区包片援助落后农村公益文化设施建设。

① 宋建钢，狄国忠.加强贫困地区农村公共文化设施建设［N］.学习时报，2012-04-23

（3）实施落后农村"文化惠民"工程

以政府为主导，"通过财政拨款、鼓励慈善机构和团体捐款、鼓励企业及个人捐赠等多种方式"[①]，对落后农村公益文化设施建设给予有力支持。夯实落后农村公益文化阵地，实现落后地区县有文化馆、乡镇有综合文化站、行政村有文化活动中心、自然村有文化活动室或综合性文化服务中心等，让落后地区农村群众就近快捷方便地享受公益文化服务。

（4）加强落后农村人才队伍建设

把落后农村文化人才队伍建设纳入地方政府的工作规划中，落实文化馆（站）人员编制，每个乡镇综合文化站至少配备2~3名专职文化人员，规模较大的乡镇专职文化人员编制还可以根据需要予以增加，一个行政村文化活动中心配备1名专职文化人员，以保障落后农村公益文化服务的正常开展。中央财政专项列支每年为落后农村培养（训）文化人才，落后农村县、乡、村制订农村文化队伍培训计划，按照计划举办农村文化专干培训班。

（5）试行乡镇文化站管理新体制

国家相关部委成立督导组，对落后农村进行调研，结合实际情况，在落后农村进行试点，将乡镇文化站文化专干的人事关系和工资关系放在县级文化行政主管部门，实现"管人、管钱、管事"三者相统一。

三、我国落后农村公益文化设施建设研究的基本思路和创新之处

我国落后农村公益文化设施建设研究，坚持马克思主义基本立场、观点和方法，以习近平新时代中国特色社会主义思想为指导，就落后农村公益文化设施建设与服务的理论基础、发展脉络、现实问题及对策展开系统研究。

（一）基本思路

以马克思主义基本原理、中国特色社会主义文化理论、公共产品理论等作为研究的理论基础。首先，界定公益文化的功能和公益文化设施建设的重大意义。其次，总结相关领域的理论和专家学者的相关研究成果，阐述落后农村公益文化设施建设的理论依据。第三，梳理我国农村公益文化设施建设的历程

---

① 初新刚.国内外公共文化设施建设的经验对黑龙江的启示［J］.商业经济，2014（1）

及国内外公益文化设施建设的经验与启示。第四，分析落后农村公益文化设施建设现状。第五，结合落后农村公益文化设施建设中出现的问题，提出解决问题的思路与对策。

（二）研究的重点与难点

我国落后农村从根本上说是文化的落后。公益文化设施建设与服务是改变贫困农村落后面貌的重要载体。加强落后农村公益文化设施建设与服务，政府要承担起重要责任。落后地区地方政府财力十分有限，真正用于公益文化设施与服务方面的投入非常少。如何加大中央财政和慈善机构、企业及个人捐赠等方面的支持力度，保证落后农村公益文化事业的发展；如何以落后地区农村公益文化设施建设为突破口，大力推进其文化发展，普遍提高贫困地区人口素质，彻底改变贫困面貌；等等，是我们研究的重点，也是难点。

（三）研究的创新之处

落后农村群众的贫困是综合性因素引起的深度贫困。从现象上看，主要是经济的贫困，表现为物质匮乏、基础设施落后、产业发展滞后等。从本质上看，他们的贫困根源是文化的贫困，表现为价值观念落后、思想保守陈旧、科学文化素质低下等。在落后地区扎实推进精准扶贫、精准脱贫，实施乡村振兴战略的过程中，推进落后农村、贫困人口脱贫，既要治"标"，也要治"本"，必须大力推进落后农村公益文化建设。

落后农村文化建设要突出公益性。落后地区发展基础差、发展能力弱，以及农村群众整体素质不高，决定了落后农村是我国全面建成小康社会以后相对贫困人口相对集中的区域，因此，落后农村文化建设必须突出公益性。2020 年，落后农村群众脱贫后，仍然面临发展方面的诸多困境，因此，推进落后农村文化建设尤为重要。发展落后农村文化事业，要依靠各级政府财政的大力支持和发达省区包片援助，鼓励慈善机构、企业及个人捐赠等的有力支持。

我国落后地区大部分是革命老区和少数民族集中的地区。这些地区蕴含着丰厚的历史文化、民族文化、红色文化、服饰文化、饮食文化、建筑文化和生态文化。本书旨在研究落后农村公益文化设施建设与服务，如何有效保护和挖掘落后地区特色文化资源，为农村文化内生发展提供有效支持。

落后农村地区基本覆盖了全国绝大部分农村相对贫困群体，近期相当一段时间，他们的地方财政收入还是十分有限，建议中央财政优先支持其公益文化建设。

（四）研究方法

文献分析法：通过对文献的比较分析，从相关理论文献中寻求加强落后农村公益文化设施建设的有关理论依据。

比较分析法：通过对学术界关于对国内外公益文化设施建设的经验分析，挖掘他们的好做法，并以此为借鉴，提出对落后农村公益文化设施建设的启示。

社会调研法：主要通过访谈和问卷调查的形式，与部分受访对象直接进行交流，了解落后农村公益文化设施建设的现状与存在的突出问题，广泛收集调查对象对农村公益文化设施建设的想法与意见。在分析研究的基础上，梳理落后农村公益文化设施建设的政策路径。

四、我国落后农村公益文化设施建设研究的基本范畴

公益文化设施"在我国通常是指由国家主办，不以营利为目的，面向社会、面向公众提供公共文化服务的文化事业载体"[1]。公益性文化设施"包括美术馆、科技馆……公共图书馆、学校图书馆、文化馆、文化宫（工人文化宫、工人俱乐部）等"[2]。公益文化设施承担着传播科学文化知识、宣传党的政策方针、向群众提供健康向上的精神文化产品、提高全民族思想道德素质的使命，这是其他一些娱乐方式无法替代的。农村公益文化设施是我国公益文化设施的重要组成部分，突出政府主导、基本公共文化服务的公益性质等。

（一）文化

文化的内涵丰富，目前很难有一个大家普遍认同的文化定义。一般来说，"广义的文化是指人类在社会历史和发展的进程中所创造的物质财富和精神财

---

[1] 杜方.财政支持公益文化设施的现状、问题及对策［J］.河北大学学报（哲学社会科学版），2009（3）
[2] 文化部等12部委关于公益性文化设施向未成年人免费开放的实施意见（文办发〔2004〕33号），2004-10-13

富的总和；狭义的文化是指人类所创造的精神财富，包括宗教、信仰、风俗习惯、道德情操、学术思想、文学艺术、科学技术、各种制度等"①。

从马克思主义理论来看，文化属于上层建筑的组成部分，是由物质基础决定的。"不是意识决定生活，而是生活决定意识。"②文化一旦产生就具有强大的反作用力。毛泽东指出："一定的文化（当作观念形态的文化）是一定社会的政治和经济的反映，又给予伟大影响和作用于一定社会的政治和经济。"③文化影响和反作用于经济、政治、社会和生态文明建设，"这种反作用集中表现在文化对政治、经济的先导性和主导性上"④。

从学术研究的角度看，由于研究的视角不同，人们对于文化概念的表述不尽相同。归结起来，主要有人类学视角、社会学视角、历史学视角、哲学视角、生态学视角和生物学视角的文化概念等。不同学者出于自己不同研究的需要，对文化的定义也不同。从世界范围看，目前已有 200 多种文化定义，当然有些表述具有典型意义。朱谦之说："文化就是人类生活的表现"，"文化就是人类生活各个方面的表现"，"文化就是生活。"⑤而梁漱溟则认为："文化是人类生活的样法。"⑥美国人类学家克洛依伯（A.Kroeber）和克勒克荷恩（C.Kluckhohn）则给出了描述性定义，他们认为："文化作为一个描述性的概念，从总体上看，是指人类创造的财富积累：图书、绘画、建筑以及诸如此类，调节我们环境的人文和物理知识、语言、习俗、礼仪系统，伦理、宗教和道德，这都是通过一代代人建立起来的。"⑦美国社会学家保罗·布莱斯蒂德认为："文化是一个具有多种意义的词语。这里用作更为广泛的社会学含义，即是说，用来指作为一个民族社会遗产的手工制品、货物、技术过程、观念、习惯和价值。"还有一种概念则认为"文化是指人类精神生产的能力和产品"⑧。因此，

---

① 罗光利.湖南农村公共文化设施建设有效性研究——基于湖南省宜章县的调查［D］.广西大学，2013
② 马克思恩格斯选集（第一卷）［M］.北京：人民出版社，1995：73
③ 毛泽东选集（第二卷）［M］.北京：人民出版社，1991：663~664
④ 苏振芳.两岸青年文化认同与两岸和平发展［J］.福建论坛（人文社会科学版），2011（6）
⑤ 朱谦之.文化哲学［M］.上海：商务印书馆，1990：4、5、11
⑥ 雷喜斌，陈宜安.乡镇文化建设［M］.北京：中国农业出版社，2007：3
⑦ 陆扬，王毅.大众文化与传媒［M］.上海：上海三联书店，2000：6
⑧ 中共中央宣传部理论局.理论热点面对面（2005）［M］.北京：学习出版社，人民出版社，2005：17

文化不仅是精神创造的成果，而且还是一种精神创造能力。

文化是人的精神性的东西，也是物质性的东西，当然这种物质性的东西也承载了人的某一领域的精神创造。综上所述，文化是人类精神创造能力和创造活动的结果，是人类社会创造的思想观念、语言、艺术、风俗习惯、法律制度等精神性的东西和历史所遗留下来的它们的载体。社会实践是创新发展的，文化是不断丰富发展变化的，文化必须与时代同步发展，与人们的社会实践相一致。

文化的作用。从文化在社会成员交往中的作用来看，文化具有中介协调功能。个体是社会群体的组成元素，把个体融入群体或把每个社会成员连接成社会整体力量的是文化，文化是社会成员之间沟通、交流，以及协调社会成员行为的力量。文化使社会成员之间消除隔阂、促成合作。从文化在人们行动中的作用来看，文化具有引领功能。文化作为人类共同生活的内在价值，是人们在特定区域生活和行动的方向引领。文化使人们认识到何种行动是合适的、是会被其他人接受和积极反应的。从文化在社会进步发展中的作用来看，文化具有维持社会秩序的功能。文化作为特定区域人们生活、学习、工作等方面经验的积累和沉淀，具有规范社会成员行为的意义。因此，一定社会的文化与该社会人们行为规范的形成具有一定的关系，而人们行为规范的形成在某种意义上是一种社会秩序的形成。从文化在自身发展中的作用来看，文化具有传递和创新功能。正因为文化的一代又一代传递和创新，一定的民族才得以延续。

文化的分类。在文化发展中，主要有三种类型的文化，一类是公益性文化，包括图书馆、博物馆、文化馆、科技馆等，它主要为社会大众提供无偿服务；一类是准公益性文化，包括教育、学术研究等，它可以通过产业化方式进行经营或可获取一定的经济收益，但其收益不能达到其从事文化创作所付出的劳动价值；一类是经营性文化，包括娱乐业、演出业、影视业、出版业等，它主要通过产业化方式进行运作。公益性文化和准公益性文化具有公益性质，属于文化事业，它是我国精神文明建设的主要渠道，是增强民族向心力和凝聚力的重要载体。经营性文化属于文化产业，发展文化产业要强调社会效益优先，体现经济效益和社会效益。文化事业与文化产业相互补充、相互影响，共同促进中国特色社会主义文化发展，都是促进"五位一体"、统筹"四个全面"发展的重要力量。

（二）农村文化

农村是指居住生活在村庄或远离城市从事生产的劳动者的聚集地。本书"农村公益文化设施"中的"农村"主要是从这个意义上展开的。农村文化是以农村群众为主体，在农业生产活动中创造、形成的物质财富与精神财富的总和。农村文化是建立在农村的生产方式和生活方式基础上的，反映农村群众心理、信念、情感、伦理道德、价值标准、文娱活动、体育运动、习俗、生活方式、行为规范等，是农村群众智慧的结晶和情感的寄托。农村文化是农村群众的思想价值观念及其在社会实践中形成并积淀下来的生活方式、求知方式、思维模式、情感状态、处世态度、人生追求等深层次心理结构的具体体现，它表达了农村群众的心灵世界以及文明开化程度。

1. 农村文化以农业为基本的经济基础

农村文化主要来源于农耕文化，建立在农业经济基础上，主要围绕农业活动、农业生产和农业生活等经济活动展开。在现代社会，农村群众的经济活动远远超出了农业社会的农业经济活动，有些农村的经济活动既包括第一产业，也包括第二、第三产业。农村文化是对农村群众生产生活的反映。在农业社会，农村居民以家庭为最重要的社会单位，在社会生产劳动中，容易形成强烈的群体内休戚与共的意识，建立起以农耕为主的生活方式、亲属制度、宗教信仰、神话传说等。在现代社会，农村居民不再完全以家庭为最重要的社会单位，有些地方的农村活动具有现代意义上的生产方式，尽管存在这样的现象，但农村居民因自然环境等生存基础的特殊性，在长期的生产生活中形成人文环境相对自然、一体化比较高的农村文化。

2. 农村文化集中反映了农村群众的血缘关系和地缘关系

血缘关系和地缘关系是农村社会关系的纽带，也是农村文化较为集中反映的领域。尽管现代社会我国农村发展较快，但农村社会结构仍然明显地存在着以血缘关系、家族群体和地缘关系为主的结构形式，与这种农村社会结构相对应的农村文化，带有明显的族群或区位印迹。农村群落就是以家庭之间、家族之内，或村内交往为特征的血缘与地缘相结合的关系网络。这种背景下的农村文化具有直接性、首属性和紧密性，它涉及的范围有生产、生活、家庭关系等一切可能的方面。[①]

3. 农村文化主要以人际交往为主要传播方式

随着我国经济社会的发展，农村文化的传播方式也随着社会经济和科学技术的发展而发展。现代农村社会，相当一部分"60后"农村群众，基本上不再局限于传统农村的人际交流方式，至于20世纪70年代以后出生的农村群众之间相互交流和传递信息的方式已发生了巨大变化。越是年龄小的农村群众，越是接近城市文化传播的方式，只是农村文化与城市文化传递方式的多样性有所差异而已。比如，农村文化传播中借助图书馆、科技馆、博物馆等实物性载体传递相对不足。当然，在落后地区的农村，年龄较大的农村群众之间还是保留着或者习惯于传统的人际交往的文化传播方式，代际之间的文化传递更多地依靠面对面的传授。

（三）公益文化设施

公益文化设施是依照规划设计，由政府公共财政出资修建的，"免费提供给公众学习、交流，开展文化娱乐活动、体育健身活动的建筑物或设施设备等。主要包括图书馆、文化馆、博物馆、影剧院、文化广场、文化公园、乡镇综合文化站、农家书屋、农村文化活动中心等文化活动场所及其配套设施设备"[②]。

公益文化设施的性质。一是非排他性。非排他性是指公益文化机构不排除任何人免费获得享有公益文化设施的权利。二是非竞争性。非竞争性是指任何人对公益文化设施的使用，并不排斥其他人对该公益文化设施的使用。三是公益性。公益性是指公益文化设施在一定的空间范围内由全体社会成员或者大部分社会成员共同使用，是满足社会公众的精神需要，提升人们的文化素养。

[①] 中共中央政策研究室、农业部农村固定观察点办公室.农村文化消费：现状特征及计量分析[J].中国农村观察，1997（2）

[②] 罗光利.湖南农村公共文化设施建设有效性研究——基于湖南省宜章县的调查［D］.广西大学，2013

四是效用的外部性。分为正外部性和负外部性。正外部性是指公益文化设施的建设和使用真正能够丰富当地居民的文化生活；负外部性是指只重视公益文化设施建设，而不重视公益文化设施管理和使用，导致公共资源的浪费。五是财政依赖性。"公益文化设施主要由政府财政支付建设……特别是纯公共文化设施建设必须依靠政府的财政支付才能得以实现。"①

（四）农村公益文化设施

农村公益文化设施在我国通常是指由国家主办，不以营利为目的，面向社会、面向农村群众提供的学习、交流、开展文化娱乐活动、体育健身活动的建筑物或设施设备等。是修建在农村地区的文化阵地和物质平台。它肩负着传播知识、宣传教育、示范指导、向群众提供优质精神文化产品、提高全民族科学文化水平的任务，"主要包括图书馆、体育馆、博物馆、篮球场、乒乓球台、乡镇综合文化站、农家书屋、村级文化活动中心及其配套设施设备等"②。

农村公益文化设施是农村基础设施建设的重要组成部分，是农村群众精神文化生活的物质依托和载体。"农村公共文化设施可分为艺术表演、学习阅览、文化娱乐、体育运动这四类设施。艺术表演设施包括歌舞表演设施和场地、电影放映设施和场地等；学习阅览设施包括图书馆、农家书屋、桌椅、报刊、电脑等；文化娱乐设施包括村级文化活动中心、老年之家、儿童娱乐室等；体育运动设施包括篮球场、足球场、乒乓球台、秋千、吊环等运动场地和健身器材。"③

农村公益文化设施建设可以分为六个层面：一是由国家财政专项投资和地方政府财政配套形成的传播和弘扬社会主义意识形态和价值观念所需要的文化产品和服务。农村公益文化设施通过向农村群众提供公益文化产品和服务，传播社会主义核心价值观，承担着传播科学文化知识、提高农村群众思想道德素质的重任。二是国家设立的以公共财政为主要投资方建设的农村文化活动中心、文化站、博物馆、文化馆，以及文化广场、文化公园等各类室外文化活动

---

①②③ 罗光利.湖南农村公共文化设施建设有效性研究——基于湖南省宜章县的调查［D］.广西大学，2013

场所。三是由国家财政专项投资和地方政府财政配套建成的农村公益文化设施，使村民获得一定的审美享受，展示人类文明建设成就，在传承人类优秀文化过程中促进社会风气淳化。四是由国家财政专项资金和地方政府财政配套建设的、面向大众开放、用于开展文化体育运动的公益性乡镇文化中心（馆）、农村文化活动中心等综合性文化活动场所，主要是"丰富和满足人民群众基本文化娱乐需求的大众文化、群众文化活动等"①的载体。五是由国家财政专项资金和地方政府财政投资的亟须保护的优秀传统文化及遗产、地方特色文化、民间艺术等，比如非物质文化遗产的抢救、保护和扶持工程。六是由乡镇、村或社会力量投资建设的、适合于免费向公众开放的、用于农村群众开展文化体育运动等活动的文化活动场所。农村公益文化设施"是文化生活的物质依托和载体，是体现一个国家生活水准和文明程度的重要标志"②。

（五）农村公益文化设施的类型

农村公益文化设施主要包括乡镇综合文化站、行政村文化活动室或村综合性文化服务中心和置于公共空间的文化设施等。

农村乡镇综合文化站、行政村文化活动室。农村乡镇、村文化设施是集图书阅览、文体娱乐、宣传教育等于一体的乡镇、村文化活动中心；有条件的自然村建立文化活动室或社区文化活动室。农村自然村文化活动室和社区文化活动室是根据自然村的需要建立的布局合理、综合利用的基层公益文化阵地。

农村文化信息资源共享平台。农村文化信息资源共享平台是关于广播电视村村通、户户通的资源共享工程，或者是农村党员干部现代远程教育，以及电话村村通、户户通等，或者是集广播电视村村通工程、农村党员干部现代远程教育和村村通、户户通电话工程资源于一体的共享平台。

农家书屋。农家书屋是国家从"十一五"开始实施的一项文化惠民工程。采取农家书屋这一公益性文化惠民举措，为农民提供实用的书籍、报刊和音像电子产品等阅读视听资料，并由农民自己管理，以此解决农民买书难、借书难、看书难的问题，引导农民及时接受新事物，吸收新知识，把握新信息。各地按

① 孙萍.文化管理学［M］.北京：中国人民大学出版社，2006
② 贺军文.兰州市农村公共文化服务设施建设研究——以兰州市皋兰县为例［D］.兰州大学，2010

照"政府组织建设、鼓励社会捐助、农民自主管理、创新机制发展"的思路，不断完善农家书屋惠民工程。

文化娱乐设施。"文化娱乐设施是为了满足不同年龄结构、不同文化层次、不同性情和乐趣的人对文化娱乐的需求而提供的设施，文化娱乐设施主要是文化活动室、老年人之家、儿童娱乐室、乒乓球室、舞厅等。体育运动设施是指篮球场、足球场、小型田径场、乒乓球台和秋千、吊环等小型体育活动器械。"① 文化娱乐设施还包括电视机、报刊、麻将、扑克、棋牌类等活动场所所需的设备等，有条件的地方在舞厅里配备灯光、音响等，以及在卡拉 OK 厅里配备相应的设备等。

农村文化遗址保护和博物馆。农村文化遗址保护和博物馆是文化遗址的保护展示与环境治理的场馆。农村文化遗址保护和博物馆是博物馆在农村延伸的标志，是农村文化遗址保护展示示范园区，是县级博物馆等单位建设的农村文物开放单位。

---

① 宋建钢，狄国忠.加强贫困地区农村公共文化设施建设［N］.学习时报，2012-04-23

第一章
我国落后农村公益文化设施建设的
基本环境

　　改革开放以来，我国综合国力明显增强，落后农村群众的物质文化生活明显改善。近年来，党中央、国务院高度重视落后农村文化建设，出台一系列促进落后农村文化发展的政策措施。党的十六大以来，落后农村公益文化设施与服务体系建设取得明显成果，农村公益文化设施建设与服务网络得到较大改善。截至2016年底，落后农村居民每百户拥有计算机13.6台，比上年增加1.6台[1]；落后农村通信设施进一步改善，"2016年，所在自然村通电话、所在自然村通宽带、所在自然村通接收有线电视信号的农户比重分别为99.9%、77.4%和93.4%，比上年分别提高0.2、7.4、3.0个百分点。"[2]我国落后农村移动电话及计算机拥有量持续增加。截至2016年底，我国落后农村居民每百

---

①② 中国农村贫困监测报告2017［M］.北京：中国统计出版社，2017：68、69

户拥有移动电话 226.1 部，比上年增加 15.6 部。[①]

第一节 我国落后农村公益文化设施建设的 经济发展环境因素

我国落后农村大都位于相对集中的国家扶贫开发工作重点县。"1986 年以来，国家先后三次确定和调整扶贫开发县级扶持单位。1986 年确定 331 个国家级贫困县。1994 年，为了组织实施《国家"八七"扶贫攻坚计划》，国家级贫困县增加到 592 个。2001 年，配合《中国农村扶贫开发纲要（2001—2010 年）》的出台，取消了沿海发达地区的所有国家级贫困县，增加了中西部地区的贫困县数量，但总数仍为 592 个，同时将国家级贫困县改为国家扶贫开发工作重点县，西藏作为集中连片贫困区域全部享受重点县待遇。"[②]2011 年 12 月 6 日，国务院新闻办举行《中国农村扶贫开发纲要（2011—2020 年）》（以下简称新《纲要》）新闻发布会，将集中连片特殊困难地区作为扶贫攻坚主战场。新《纲要》第十条明确指出："六盘山区、秦巴山区、武陵山区、乌蒙山区、滇桂黔石漠化区、滇西边境山区、大兴安岭南麓山区、燕山—太行山区、吕梁山区、大别山区、罗霄山区等区域的连片特困地区和已明确实施特殊政策的西藏、四省藏区、新疆南疆三地州是扶贫攻坚主战场。"[③] 近年来，我国落后农村经济社会发展取得了巨大的成就，但由于各种综合因素的困扰，这些地区与其他地区相比较，经济社会发展仍然比较落后。

一、贫困面广量大

近年来，我国落后农村扎实推进精准扶贫精准脱贫工作，相较于 2010 年的相关指标（参见表 1-1），该区域农村脱贫攻坚成绩显著。截至 2019 年底，全国贫困地区农村居民人均可支配收入 11567 元，实际增长 8.0%，实际增速比全国农村快 1.8 个百分点。[④] 但是由于各种因素的制约，同全国其他区域比

①②③ 中国农村贫困监测报告 2017［M］.北京：中国统计出版社，2017：68
④ 国家统计局：2019 年贫困地区农村居民人均可支配收入 11567 元［EB/OL］.国家统计局网站，
　2020−01−23

较，我国落后农村覆盖的区域面积仍然较大，同时经济发展水平和经济发育程度较低。截至2016年底，"我国14个集中连片特困地区覆盖全国21个省（自治区、直辖市）680个县9823个乡镇，2015年行政区划面积402万平方公里，约占全国行政区划总面积的42%，户籍人口数24287万，占全国总人口17.7%。"[1]从农村居民人均可支配收入来看，2019年，我国集中连片特困地区农村居民人均可支配收入为11443元[2]，占全国农村居民人均可支配收入的71.4%，是全国居民人均可支配收入的37.2%；从消费看，"2016年，集中连片特困地区农村居民人均消费支出为7273元，仅相当于全国农村居民人均消费支出的71.8%和全国居民人均消费支出的42.5%"[3]。

表1-1　2010年14个集中连片特困地区社会经济发展数据

类　别	人口（万）	人均GDP（元）	人均财政收入（元）	农民人均纯收入（元）	人均储蓄（元）
六盘山区	2125	8323	255	3037	6243
秦巴山区	3556	10354	437	3454	7868
武陵山区	3419	9032	450	3347	6525
乌蒙山区	2287	7220	467	3209	3960
滇桂黔石漠化区	2935	8231	471	3279	4598
滇西边境山区	1521	9156	573	2963	6040
大兴安岭南麓山区	706	11154	396	3228	5224
燕山—太行山区	1097	11925	487	3160	10815
吕梁山区	403	9861	365	2742	6306
大别山区	3657	9016	280	4229	5998
罗霄山区	1105	10031	604	3518	8497
新疆南疆三地州	636	7837	433	3183	4544
四省藏区	525	17943	10343	3057	8587
西　藏	290	15521	10397	4253	7807

注：原始数据来源于《中国农村贫困监测报告2011》，相关数据经整理和计算后呈现。

[1][3] 中国农村贫困监测报告2017［M］.北京：中国统计出版社，2017：51
[2] 国家统计局：2019年贫困地区农村居民人均可支配收入11567元［EB/OL］.国家统计局网站，2020-01-23

二、贫困人口数量较大

随着精准扶贫、精准脱贫措施的扎实推进，我国的贫困人口大幅减少，按照现行国家农村贫困标准（2010 年价格水平每人每年 2300 元）测算，我国农村的贫困人口数量由 2012 年的 9899 万下降到 2019 年的 551 万（见图 1），但落后农村贫困人口占的比重仍然较大。

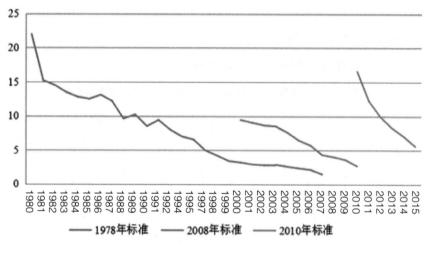

图 1　不同贫困标准下的中国贫困人口变化趋势（千万）

截至 2019 年底，落后农村贫困人口仍然是全国农村贫困人口的大多数，农村贫困人口发生率超过 10% 的 1113 个贫困村，大部分分布在落后农村区域。

表 1-2　2013—2017 年全国农村减贫情况

年　份	贫困人口（万人）	比上年减少（万人）	贫困发生率（%）
2013	8249	1650	8.5
2014	7017	1232	7.2
2015	5575	1442	5.7
2016	4335	1240	4.5
2017	3046	1289	3.1

数据来源：参考《中国农村贫困监测报告 2017》，北京：中国统计出版社，2017 年。

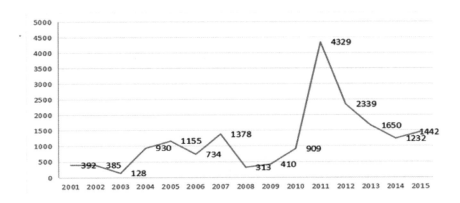

图2 中国官方贫困标准下每年贫困人口减少数量（百万）

依照集中落后片区划分，如下表①。

片区指标	大兴安岭南麓山区	燕山—太行山区	大别山区	罗霄山区	吕梁山区	六盘山区	秦巴山区	武陵山区	乌蒙山区	滇桂黔石漠化区	滇西边境山区
总面积（×10⁴km²）	14.5	9.3	6.7	5.3	3.6	16.6	22.5	17.18	10.7	22.8	20.9
总人口（万人）	833.3	1097.5	3657.3	1170.1	402.8	2356.1	3765	3645	2292	3427.2	1751.1
乡村人口（万人）	563.4	917.6	3128	947.6	340.4	1968.1	3051.5	2972	2005.1	2928.8	1499.4
跨省区数（个）	3	3	3	2	2	4	6	4	3	3	1
县市数量（个）	22	33	36	24	20	69	80	71	38	91	61
国家级贫困县数量（个）	13	25	29	16	20	49	72	42	32	67	45
联系部委	农业部	工业和信息化部	住房和城乡建设部	民政部	卫生部	交通运输部	科技部铁道部	国家民委	国土资源部	水利部国家林业局	教育部

三、自然条件恶劣

从自然条件来看，全国落后农村多数均地理位置偏远、环境复杂、生态脆弱、生活条件恶劣。"黄土高原和青藏高原大部分地区、内蒙古高原的部分地区、几个大沙漠边缘地区，都是土地贫瘠、干旱缺水；南方的一些石漠化地区，土层稀薄，水肥渗漏严重；受高山大川的阻隔，在大部分山区，农户居住

① 丁建军．中国 11 个集中连片特困区贫困程度比较研究——基于综合发展指数计算的视角［J］．地理科学，2014（12）

分散，许多贫困户住在半山腰，经常面临山体滑坡等自然灾害威胁"①。有的旱涝灾害严重，泥石流、雨雪冰冻等灾害频发，有的水土流失、石漠化现象严重等。因此，我国落后农村生态环境相对脆弱，因灾致贫、因灾返贫率较高，落后农村可持续发展能力严重不足。

四、基础设施薄弱

目前，我国落后农村的交通基础设施还不够完善，特别是农村道路有待硬化，红绿灯、斑马线等交通信号灯、交通标志、交通标线的设置不符合道路交通安全要求，交通安全管理水平滞后。水利设施薄弱，重大水利设施的投入不足，控制性枢纽、中小河流和江河重要支流治理不够，抗旱水源、山洪灾害防治体系建设有待完善，落后地区饮水安全的保障能力不足。电力设施较差，信息网络基础设施安装成本高、难度大，物流发展相对滞后。

五、产业发展滞后

我国落后农村的贫困人口大多分布在边远山区、民族聚居区、革命老区等区域。②落后农村通常具有较为丰富的水、煤炭、油气等资源。由于多种原因，这些地区丰富的资源没有得到充分开发，没有充分利用好，具有特色的能源项目、大型能源产业均有待开发。另外，有些具有地方特色的产业发展滞后，比如，乡村旅游、文化旅游等独特产业发展不够。

六、区域经济发展不平衡

我国落后农村居民人均可支配收入与全国农村居民人均可支配收入还有相当大的差距。同时，全国落后地区之间存在明显的差异。经济发展水平方面，"经济发展总体水平最高的为大兴安岭南麓片区，其次为燕山—太行山片区和滇西边境片区，经济发展总体水平最低的则为乌蒙山片区和大别山区；经济结构方面，吕梁山区、罗霄山区和秦巴山区较为合理，大别山区、乌蒙山

---

① 孙久文，唐泽地.集中连片特困地区脱贫攻坚新方略［EB/OL］.中华人民共和国国家改革和发展委员会地区经济司，2017—01—17
② 邢成举，葛志军.集中连片扶贫开发：宏观状况、理论基础与现实选择——基于中国农村贫困监测及相关成果的分析与思考［J］.贵州社会科学，2013（5）

区和滇西边境片区最差；收入状况方面，大别山区、秦巴山区的收入水平相对较高，六盘山区、乌蒙山区和武陵山区的收入水平最低，不过各片区间总体收入差距不大；基本教育方面，六盘山区最高，滇桂黔石漠化片区、乌蒙山片区最低；科教支持方面，滇西边境片区、六盘山区、秦巴山区的得分较高，而大别山区和乌蒙山区得分最低，片区之间的差距非常明显；社会保障方面，乌蒙山片区得分最低，其次是武陵山片区，二者与其他片区的差距较大；基础设施方面，各片区差异更为明显，得分较高的罗霄山片区、燕山—太行山区与得分较低的滇西边境片区、乌蒙山片区、秦巴山片区的差距较大；生态条件方面，除六盘山片区、吕梁山片区以外，其他片区的生态条件整体较好；生态负荷方面，武陵山片区、乌蒙山片区生态压力最大，大兴安岭南麓片区压力最小。"①

　　总之，我国落后农村经济社会环境制约该区域发展，各级政府要贯彻落实乡村振兴战略，推进落后农村基础设施建设，促进基本公共服务均等化，加强落后农村生态环境建设，着力解决制约落后农村经济、社会、文化、生态等方面发展的瓶颈问题，从根本上改变落后农村发展的困境。

第二节　我国落后农村文化贫困基因

　　我国落后农村群众最为深层的贫困是文化贫困，文化贫困必然导致贫困人口形成一种独特的生活方式和价值理念。农村群众长期生活在困难状态，就会习惯性地本能地创造并接受了一种贫困的生活方式，形成一种贫困状态下的价值观。

一、落后农村群众文化贫困的传递性

　　文化人类学认为，文化是指某人群共同体"全部的知识、信仰、艺术、道德、法律、风俗，以及作为社会成员的人所掌握和接受的任何其他才能和习

---

① 丁建军.中国11个集中连片特困区贫困程度比较研究——基于综合发展指数计算的视角［J］.地理科学，2014（12）

惯的复合体"①。文化是人类以其拥有的能力认识和改造现实世界，并在此工程中谋求社会生活的过程，文化是人和自然关系的"媒介物"。通过"文化手段"，实现人们对各种自然和人文环境的内化，改变原有的价值观念。所以，一定社会的文化一旦形成和发展，就会产生顽强的辐射力和渗透力，直接影响该社会发展和进步的程度。对一个民族来说，一定的生产模式决定了该民族的生活模式，而一定的生活模式又造就了他们的文化模式，一旦一个民族的文化模式形成，它就反过来影响甚至制约和规范这个民族的生产模式与生活模式。一定意义上，一个民族的文化是本民族在特定的生产模式和生活模式下形成的适应系统，是建立在一定生产力发展水平上的最佳适应选择。在这种适应选择过程中，一代又一代的人最容易保留下来的是从老祖宗那里接受下来的传统的生活方式。正是这种被牢固地保留下来的传统生活方式，形成了不易改变的价值体系。从文化学的意义上说，落后农村群众的贫困文化也是在长期的贫困状态下形成的价值系统。一方面，落后农村群众文化的贫困固化了他们的基本特点和人格。贫困群众生产生活的局限性，逐渐减少了穷人与其他群体之间的互动频率，增加了穷人之间的互动频率。这样，在穷人之间就形成了一个相对隔离的社会交往圈，造就了脱离社会主流文化的新文化现象。我们认为，这种在贫困环境中形成的脱离社会主流文化的文化现象就是贫困文化。贫困文化通过落后农村群体"圈内"交往而不断得到"同类"的认同，并且逐步被"制度化"。因此，这种贫困文化使落后农村群众尽力维持着贫困的生活，塑造着在贫困中长大的年轻人的基本特点和人格，并一代一代地传递下去，使得他们难以在既定环境下摆脱贫困。另一方面，贫困文化一旦被固化，其文化"基因"规定了它很难从其内部生长出一种"非贫困"的文化"基因"，于是，落后农村群众便形成了"贫困文化"的依赖症，在一定意义上，这种"贫困文化"的依赖症扼杀了落后农村群众脱贫致富的"原动力"。

二、落后农村群众的文化贫困是最深层的贫困

贫困文化必然导致贫困阶层形成一种独特的生活方式和价值理念。文化

---

① 〔英〕爱德华·泰勒.原始文化［M］.上海：上海文艺出版社，1992

贫困是长期生活在贫困之中的人们落后的生产生活方式，以及与之相适应的习惯、风俗、思维、态度和价值观等。落后农村群众的贫困不仅仅是物质上的贫困，更重要的是精神文化上的贫困，是他们所拥有的价值观、行为范式的不适应。"贫困文化"一旦形成，"便会通过社会化的过程代代相传，使整个社会处于对'贫困文化'的依赖性，从而阻碍社会的演化"①。当然，尽管这里所说的"文化"并没有全方位反映贫困群众的贫困文化现象，但它给我们提出了深层次的启示："任何一种文化都是适应的结果，它具有体系性、结构性和相对的稳定性，社会文化的任何结构性变迁都是'牵一发而动全局'的互动系统。"②认识到这点，对落后农村实施精准扶贫和精准脱贫有重要的现实意义，尤其在落后农村全面建成小康社会的过程中，仅仅从物质方面扶贫，而不从精神方面和文化方面扶贫，就难以从根本上解决贫困人口的贫困问题。要从贫困文化的视角，有针对性地提出精准扶贫和精准脱贫的措施与方法，从现象到本质解决落后农村群众贫困文化问题，促进落后农村社会文化的根本变革。

三、落后农村群众的文化贫困是他们文化价值观的"贫困"

价值观是人们对自身以及周围世界的总的和根本的看法，是人们的人生追求、理想和信念系统，是人们的深层次精神状态的反映。长期生活在困难状态中的农村群众，习惯性地本能地创造并接受了一种贫困的生活方式，长此以往便形成一种相对稳定的贫困文化，形成一种贫困状态下的价值观。贫困文化的核心就是安于贫困现状的价值观，这种价值观在落后农村主要表现为：一是对孩子的教育重视不够。这主要是以下原因引起的：一方面，落后地区发展生产更多依赖经验。另一方面，落后农村群众由于经济贫困难以供小孩上学。还有就是，即便是极少数小孩能上大学，考上的学校绝大部分是职业技术学院，导致一些农村群众认为，教育更多地给他们带来的是经济负担。甚至在一些边远地区落后农村群众中出现了"读书无用论"。二是自己的命运不由自己掌控。由于落后农村群众长期生活在封闭、艰难的生活环境中，一些年龄较大的人饱

① Oscar Lewis.The *Culture of* Poverty, George Gmelch&Walter P.Zenner, edited URBAN LIFE: Readingsin Urban Anthropology, New York, 5t.Martin'Press, 263~272
② 刘朝晖．反贫困、文化多样性与社会发展：基于政策分析的视角［N］.社会转型与文化转型——人类学高级论坛 2012 卷，2012

受贫困的折磨，深感无法与贫困的现实抗争，逐渐形成了"听天由命"的宿命意识。他们的这种思想观念和意识从骨子里面把贫困看作是命运的注定或上天的安排，缺乏脱贫的原动力，缺少解放思想、打破常规、开拓创新精神，失去了改变其贫困状况的精神支撑。三是小农意识较为浓厚。由于长期生活在相对封闭和贫困落后的乡村，年长的农民们习惯于过一种自给自足的生活，对孩子的家庭训导过多地仍然是祖祖辈辈传承下来的农耕文化观念及传统的行为规范。过多地注重在自然经济的轨道上转圈子，长此以往使他们头脑简单、思想僵化。四是乡土观念较重。落后农村年长的群众长期生活在封闭的自然环境中，适应现代生产方式和生活方式较慢，一定意义上限定和制约了他们与外界的广泛交流，因此这部分农村群众都有着十分浓厚的乡土观念，表现在他们一旦离开了家园，就有"想家""过不惯"的现象。同时，对现代城市文化和城市生活方式有着一种本能的隔阂或不适应，他们总是认为，"金窝银窝不如自家草窝"。这种"乡土情结"，严重制约甚至阻断了他们与现代文明的交流。五是奉行多子多福。一方面，落后农村群众的收入主要依靠打工和农业劳动，男性劳动力是增加收入的主要来源。另一方面，由于"无后不孝"传统观念的影响，农村的老年人程度不同地还存在着"多子多福""人多力量大"、养儿"防老"或传宗接代的思想意识，有些农村群众宁可超计划生育被罚款，也要等到生男孩为止，结果陷入了"越穷越生，越生越穷"的怪圈中不能自拔。有些农村群众仍然坚持"人多势大"的传统观念，认为只要有人，就有一切。六是行为上的非理性。落后农村的年轻人热衷喝酒、赌博。有些地方的年轻农民在春节等重要节日或遇到婚丧嫁娶时习惯于喝酒行令，造成浪费现象严重，甚至导致村民之间的矛盾与冲突。有些地方的年轻农民在农闲时节三五成群打麻将（变相的赌博），个别人因为输钱滋生偷盗行为，以至于引起违法犯罪现象。有些地方年轻农民娶媳妇要花20多万元，一些地方的彩礼超出了农民家庭的承受能力，因婚姻致贫现象时有发生。七是消极的依赖心理。一方面，绝大部分落后农村群众受自然环境的制约，在自然面前无能为力，形成了靠天吃饭的意识。另一方面，我国几十年来的救济式扶贫政策，让落后农村群众形成了"依靠政府"的思想。他们一有困难就找政府，坐吃救济，坐等扶贫，养成了严重的"等靠要"思想。八是落后愚昧。落后愚昧必然产生迷信。由于现代文明教育的缺失，以及社会整体的规范引导不够，导致了落后农村村民乃至一些城市市民大搞封建迷信活动。在一些贫困边远地区，传统社会保留下来的迷信活动、宗教活动比较盛行，甚至有些村民迷信算命，迷信活动成了许多人的精神寄托。

第二章
我国落后农村公益文化设施的性质

　　农村公益文化设施是指由各级人民政府承建或者社会力量承建的，向公众开放，用于开展文化体育活动的公益性的文化活动场地和设备。要加强我国落后农村公益文化设施建设，为该地区广大农村群众提供公益文化服务，满足农村群众日益增长的精神文化需求。

第一节　我国落后农村公益文化设施的
公共性与公平性

　　我国落后农村公益文化设施，是各级政府财政拨款或慈善机构、民营企业捐资建设的、为每一个农村群众提供文化服务的公共产品。农村公益文化设施具有公共性与公平性。

一、农村公益文化设施的公共性

文化作为人类精神和思想的一种抽象的存在形式，往往通过具体的公众的文化活动或文化产品得以体现和传播，以实现以文化人的目的。任何文化产品的价值和意义都必须获得"集体、社会或传统的认同才能获得持久的生命或影响。从这个意义上说，文化的本质具有社会交往意义上的公共性"[①]。公益文化设施承载着现代文化的意义，"在现代社会文明中，博物馆、美术馆和一些专业性质的纪念馆等文化设施承担着教育国民和培育国民的民族自尊心，增强民族自豪感，提高国民科研探索素养和艺术修养等社会职能。"[②] 博物馆等公益文化设施作为一个国家和地区社会发展历史的"缩影"，是历史文化进步的展现。博物馆对国民的科技教育、爱国主义教育、文化教育等具有特殊的作用，对下一代的影响和教育是无法替代的。因此，现在包括发达国家在内的一些国家和地区，免费向公众开放博物馆等公共文化场馆、文化设施。如，我国免费开放公园、各级博物馆；美国著名的中央公园、众多街心花园全都没有围墙，人们可以在任何时间免费去参观；英国基本免费开放公园、博物馆、图书馆等公共场所；日本有些地方基本不收取任何费用，比如公园和自然景观，有些地方仅仅是象征性收费，比如历史文化遗产和人文景观等。

农村公益文化设施的公共性是指周边村民都可以免费在此进行阅读、娱乐、健身等活动，并且不能在不同的活动者之间进行分割，任何人对公益文化设施的使用都不能影响其他人的使用，也不会减少其他人享用的数量或质量。农村公益文化设施的公共性，客观上决定了农村公益文化设施建设的经费主要由各级公共财政支出作为保证，农村公益文化设施的管理必须由政府组织承担。农村公益文化设施是面向农村全体村民免费开放的、提高农村居民素质的场所。

二、农村公益文化设施的公平性

我国农村公益文化设施的性质，要求公益文化设施与服务必须彰显公平性，平等对待每一个需要服务的成员。恩格斯在《反杜林论》中说："平等——

---

① 张晓明，李河.公共文化服务：理论和实践含义的探索［J］.出版发行研究，2008（3）
② 杜方.财政支持公益文化设施的现状、问题及对策［J］.河北大学学报（哲学社会科学版），2009（3）

正义。平等是正义的表现，是完善的政治制度或社会制度的原则。"①1795年法国宪法这样定义："平等就是法律对一切人都一视同仁，不管是保护还是惩罚。"②

农村公益文化设施与服务的公平性，就是农村每一个人都能够平等地使用农村公益文化设施和平等地接受农村公益文化服务。农村公益文化设施与服务的公平性，要求农村公益文化设施与服务应该面对的是相关区域所有农村干部群众，不能歧视任何一个农村群众，也不能剥夺任何农村群众享受这种公益文化设施与服务的权利。农村公益文化设施与服务要能够覆盖和满足每一个农村群众的基本文化需要。如果出现歧视性现象就违背了公平性。农村公益文化设施的公平性，应该是政府为农村干部群众提供的基本的无差异的公益文化设施与服务，它包括机会的公平、过程的公平和结果的公平。机会的公平性是指能够提供给每一个农村群众以同等机会享受数量和质量大体均等的公益文化设施与服务，使农村不同群众之间基本公益文化设施与服务的机会均衡化；过程的公平性就是每个农村群众在农村公益文化设施的使用过程中不因性别、年龄等因素享有不同的服务；结果的公平性是指农村公益文化设施的公平性，不是单纯从直观的数量上来衡量，更应从公益文化设施与服务的结果来看，主要是公益文化设施与文化服务组织提供给农村群众的文化设施与服务对不同个体来说效用应该是公平的。

农村公益文化设施与服务的公平性，体现在人们对于农村公益文化活动的均等参与和农村公益文化设施的公平使用上。农村公益文化设施与服务的公平性更多强调的是,广大农村群众均等地参与和公平地使用农村公益文化设施，要求农村公益文化设施的使用者不受性别、年龄、文化背景与教育程度等因素的限制，所有享有者都可以公平地使用农村公益文化设施。落后农村公益文化设施与服务的均等参与和公平使用,要求提供给每一个村民的服务必须均等化，包括不同个体之间的均等化，贫困程度不同群体之间参与机会的均等化，服务数量和质量的均等化。农村公益文化设施与服务的均等化涉及提供公益文化设

① 马克思恩格斯全集（第二卷）［M］.北京：人民出版社，1979：48
② 姜素红.发展权论［M］.长沙：湖南人民出版社，2006：121

施与服务的财力均等化、能力均等化、结果的均等化和村民受益程度均等化等。因此，落后农村公益文化设施与服务的均等化，应该是设施与服务对受众群体产生的效益基本均等化，也是不同个体、不同群体之间的实际差距的缩小或消除的具体体现。农村公益文化设施与服务公平性的根本点在于公益文化的效益均等化。各级政府在落后农村投入更多的财政资金，建设农村公益文化设施，目的是让更多的农村居民均等地参与和使用相关文化设施，以不断提高他们的文化素养与能力。

农村公益文化设施与服务的公平性，体现在区域之间、区域内不同乡村之间公益文化设施与服务的供给达到基本均衡。首先是个体均等，要面向所有农村群众提供基本均等的公益文化设施与服务；其次是区域均等，不同区域的农村群众之间在享有农村公益文化设施与服务方面基本均等。现实中，存在着城乡之间公益文化设施与服务的不公平，存在着区域之间的不公平，即便是区域内的县与县，甚至是村与村之间公益文化设施与服务也有差距。我国落后农村县、乡一级公共财政一般较为困难，村集体财政更为紧张。根据有关方面的调查，我国有些落后农村乡镇、村根本就没有经费开展公益文化活动。落后地区县、乡、村财政困难，必然要求该地区农村公益文化设施与服务的资金来源，主要是市、省和中央财政的投入。因此，中央和省、市财政在对落后农村公益文化设施建设与服务提供支持的过程中，地方各级行政部门要把握好不同区域，不同县、乡、村之间的公益文化设施与服务的均等化与公平性。始终坚持农村公益文化设施建设与服务以农村群众为中心，落后农村公益文化设施与服务面向周边所有群众，任何人在农村文化活动中心等活动场所参加活动，都要一视同仁，均等地为每一个农村群众提供服务。

第二节　我国落后农村公益文化设施的文化性与引导性

我国落后农村公益文化设施是最大限度地满足农村贫困群众精神文化需求的重要场所，也是引导农村群众追求高尚精神文化的有效载体。

一、农村公益文化设施的文化性

农村公益文化设施与服务追求"以文化人"的价值目标。落后农村公益文化设施及其相应的服务，为落后农村群众提供了大量的公益文化活动与服务。农村公益文化活动或服务，除了给农村群众提供娱乐场所与服务，包括演戏，放电影以及唱歌跳舞。同时，更为重要的是，它为人们提供的休闲娱乐场所和平台，能够通过健康向上的文化活动和服务，实现以文化人，提高农村群众的文化觉悟、文化修养，使他们掌握致富技能。通过农村公益文化设施与服务提供的文化活动，引导人们在思想上积极健康向上，在行为上遵循现代文明行为规范。通过开展农村公益文化活动，使农村群众从一些落后的迷信的精神文化生活中走出来，形成与社会主义先进文化相适应的群众精神文化和思想道德水准。

农村公益文化设施的设计者与服务主体的文化修养及服务客体的文化基础。农村公益文化设施设计与规划的效度，农村公益文化管理与服务的水平，都与设计、规划者，服务者的文化修养有着直接的关系。这就要求农村公益文化设施的设计者与服务主体具备一定文化专业知识和技能，具备一定的文化素养。一定意义上，公益文化活动主体的文化修养和道德修养直接决定着公益文化活动中文化的含量和层次。同时，农村公益文化设施与服务的客体——农村群众的——教育文化基础和思想观念直接影响着农村公益文化活动的效果。农村公益文化活动与服务的效果也与服务对象是否具有一定的文化基础和接受能力有关，农村公益文化活动中服务对象的文化基础，是其积极参与和接受带有娱乐性、思想性与艺术性的文化活动与服务的必要条件。当然，并不是说每一个参加农村公益文化活动的群众都必须有一定的教育基础，有文化服务接受能力与接受过正式教育并不一定具有正相关关系。应当说，公益文化服务对象接受良好教育是必要的，但并不意味着公益文化服务对象非得接受良好教育，具有一定的教育基础。农村公益文化设施与服务的文化性决定了公益文化服务活动的灵活性，要针对不同的服务对象提供不同的活动项目与服务，对落后地区的农民群众来说，农村公益文化活动与服务要接地气，一方面，要培养和引导服务对象对文化活动的兴趣和爱好。比如，举办群众感兴趣的符合社会主义先进文化发展的文化专题讲座，举办文化活动项目比赛等。另一方面，文化服务和管理者尽可能运用群众听得懂、简洁易理解的语言风格，便于农村群众参与文化活动。

农村公益文化设施与服务的客体的文化程度与接受文化服务的能力。由于多种因素影响，农村群众接受教育的年限大多低于城镇人口。我国落后农村群众平均接受教育的年限少，文化层次相对较低，文化接受能力不足。以人均图书消费量和阅读量为例，笔者在宁夏六盘山地区的原州区和彭阳县各随机发放 200 份调查问卷。从调查结果看，农村群众购买书籍的量非常小，农村群众阅读书籍的数量和质量都比较低。在一些偏远的贫困农村，几乎没有群众购买书籍看。有些群众没有购买书籍阅读的习惯，有些群众本身没有读书的习惯，有些群众看不懂书籍。一些农村群众认为，书籍价格太高，看书不如看电视。另外，一些农村群众没有时间阅读书籍，仅有的空闲时间往往被低俗的感觉欲望和享受所支配，倒向畸形消费。同时，农村群众接受系统的文化教育、辅导培训、新思想观念较少，这导致落后农村群众接受公益文化服务的能力不足。因此，加强我国落后农村公益文化设施建设，提高落后农村公益文化服务水平，必须研究落后地区农村不同的风土人情、风俗习惯以及农村群众的认知水平等，提供符合不同地区农村特点，能够得到农村群众普遍认可，娱乐性、思想性、艺术性强的农村公益文化项目与服务。我国落后农村公益文化建设必须坚持社会主义先进文化的前进方向，重视农村公益文化服务的本质要求，突出农村公益文化服务于乡村振兴战略要求，体现社会主义现代化对农村群众自身发展的要求。

二、农村公益文化设施的引导性

我国落后农村公益文化设施与服务，追求的是社会效益最大化和社会福利最大化。农村公益文化设施与服务不是私人产品，不追求利润最大化，不以营利为目的。农村公益文化设施提供的服务着眼于目标导向和长远利益，而不是短期效益和眼前利益。在社会主义现代化建设的新时期新阶段，增强农村公益文化设施建设与服务，有助于在农村群众中弘扬和践行社会主义核心价值观，有助于增强中华文化自信，有助于促进社会和谐，有助于促进生态文明建设。在文化多元的背景下，我国落后农村公益文化设施与服务，具有引领文化发展方向，牢牢把握意识形态主动权、引导权的功能，使得公益性文化事业最大程度地发挥引导功能成为一种可能。党的十八大报告强调指出："坚持面向基层、服务群众，加快推进重点文化惠民工程，加大对农村和欠发达地区文化建设的帮扶力度，继续推动公共文化服务设施向社会免费开放。""加强重大公共文化工程和文化项目建设，完善公共文化服务体系，提高服务效能。"[①]2015年11月，文化部等七部委联合印发的《"十三五"时期贫困地区公共文化服务体系建设规划纲要》提出："到2020年，贫困地区基本公共文化服务主要指标接近全国平均水平，扭转发展差距扩大趋势。"[②]因而，各级政府要从乡村振兴战略要求、实现"两个一百年"奋斗目标及实现中华民族伟大复兴的战略高度，重视落后农村公益文化设施建设，加大对落后农村公益文化设施与服务的顶层设计和经费保障，保证农村公益文化设施与服务的正常运行。

第三节　我国落后农村公益文化设施的非营利性和多样性

我国落后农村公益文化事业最大的特点是农村文化设施及服务的公益性，追求社会效益的最大化。我国落后农村公益文化设施和服务不以营利为目的。落后农村分布于全国多个省份，人口居住分散，大部分属于民族聚居区和边远地区，因此，落后农村公益文化设施与服务具有多样性。

一、农村公益文化设施的非营利性

我国农村公益文化设施和服务是各级政府提供的不以营利为目的的文化

---

① 胡锦涛.坚定不移沿着中国特色社会主义道路前进　为全面建成小康社会而奋斗——在中国共产党第十八次全国代表大会上的报告［EB/OL］.新华网，2012-11-17
② 七部委印发《"十三五"时期贫困地区公共文化服务体系建设规划纲要》［N］.中国新闻出版广电报，2015-12-11

共享工程。农村公益文化设施和服务追求的是全体村民共建共享文化成果的社会效益。农村公益文化设施和服务的非营利性，要求政府主导的农村公益文化设施与服务具有服务农村群众的使命，并追求社会公益性，以实现社会效益最大化为最终目的。农村公益文化设施与服务主要用于保障国家文化主权和社会稳定、展现国家文化形象、保护文化遗存、传承文化精神的文化产品和服务。由于公益性文化设施和服务具有极强的"公共性"特点，农村公益文化设施与服务主要是政府提供的非市场机制获得的效益。当然，在现实社会中，也还有一种公共文化设施和服务称为准公共文化设施和服务，这种准公共文化设施和服务具有一定的"非排他性"，同时具有"竞争性"和"外部收益性"。

　　我国农村公益文化设施和服务必须坚持社会效益首位原则。由于农村公益文化设施和服务可能存在"拥挤现象"和"管理不善"问题，因此，在农村公益文化发展中，有些准公共文化设施和服务能够发挥一定的积极作用，一是它能够弥补农村公益文化设施与服务不能完全满足一些群众基本文化活动的个性化不足问题，二是对于改善农村公益文化活动的管理与服务是一种借鉴。农村的准公共文化设施和服务一定要坚持社会效益首位原则，其活动目的是更好地服务广大农村群众，使农村的公共文化服务更便于良性互动。"20世纪80年代初，美国芝加哥科学及工业博物馆开风气之先，率先成立了博物馆营销部门，大力推广纪念品、展览和教育活动的营销策略，使该博物馆的观众人数迅速大增，赢得了社会公众的关注与支持，为博物馆更好地服务社会提供了积极的良性互动。"[①] 对于公益性文化演出的企业赞助、广告等收入，收看有线电视频道、观赏商业性文艺演出等要正确看待。由于公益性文化演出是为了传播社会主流价值观念，引导人们向善向上。公益性文化演出的收入仅为附带，并且最终也是把它用在公益文化发展方面的。因此，从本质上说，它们同样具有非营利性。农村公共文化活动必须把社会效益放在首位，实现社会效益、经济效益和生态效益的最佳整合。落后农村公益文化设施建设由政府直接主导，更应保证文化设施使用的社会效益。农村公益文化设施，要由当地文化事业机构去组织实施，地方不能转为他用，更不能出租或变相转租等。我国落后农村公

---

① 李向民，王晨，成乔明.文化产业管理概论［M］.太原：书海出版社，山西人民出版社，2006

益文化设施，是我国文化事业发展的必要条件，是巩固和增强马克思主义意识形态的主阵地，是弘扬和培育社会主义核心价值观的重要窗口，是促进脱贫攻坚工程的隐形抓手。各级政府要高度重视落后农村公益文化设施的规划建设、服务管理和保护利用，充分发挥落后农村公益文化设施在脱贫致富和群众素质提升中的积极作用，把落后农村公益文化活动中心真正办成政府所想、百姓所需的终身学校。

二、农村公益文化设施的多样性

我国落后农村公益文化设施与服务要尊重服务对象的文化习惯。由于落后农村公益文化活动服务对象的差异较大，以及他们的风俗习惯、生活方式、生产特点等方面各不相同，农村群众所需要的公益文化设施与服务也不完全相同。比如，侧重于养殖业的农村群众和侧重于种植业的农村群众，他们对于农村公益文化活动与服务的要求不同。即使是从事养殖业或者种植业的农村群众内部，由于养殖业、种植业的种类不同，他们感兴趣的公益文化活动与服务也可能不同。因此，我国落后农村公益文化设施建设与服务，要在总体上提供同等水平服务的基础上，在服务的种类、内容和形式等各方面应有所区别。另外，在发展社会主义先进文化的前提下，考虑不同少数民族不同的文化习惯，即使同一片区的不同文化习惯的人群也应该提供不同的公益文化活动形式。在坚持马克思主义指导思想的基础上，要根据不同地方农村群众不同的文化需求决定服务的内容与形式，比如农家书屋提供的书籍，在农牧民居住比较多的农村就要多提供农牧养殖类和牧民喜欢的娱乐类的专业书籍，在种植业比较集中的农村就要多提供种植技术类书籍。

我国落后农村公益文化设施与服务要因地制宜。落后农村点多面广，分布于多个省区，人口居住分散，区域差距较大，不同地区农村群众的生产活动和精神文化活动各不相同，他们的作息时间、风俗习惯、文化接受能力等各有特点，这一基本状况决定了要注重把握开展农村公益文化活动与服务的侧重点，以更好地服务群众，满足不同群众的基本文化需求。一般来说，不同地区农村群众往往具有符合自身活动的不同的休闲时间。比如，根据农作物生长的季节性，农村群众对相关知识的需要不同。有些地方冬季是农村群众较为空闲的时间，这个时间段也是农村群众抓紧学习、提升自己的有利时机。作为农村公益文化活动中心，应该适应农村环境变化的规律，创造性地开展服务工作，主动做好公益文化服务农村群众的工作。

落后农村公益文化设施与服务要与时俱进。随着我国经济社会的发展，落后农村劳动力大量的转移，大部分青壮年劳动力出门打工，特别是一些年轻夫妇往往是举家在外打工，有些把孩子留在家中由老人看管，村中剩下的基本上是老年人和留守儿童。因此，农村人口不同年龄段的比例发生很大变化，农村人口中以老年人、部分妇女和儿童为主。随着观念的转变和一些现实问题所迫，落后农村的很多年轻女性与男性劳动力一样外出打工，当然，有些落后地区周边经济发展较快，一些年轻人选择在家附近寻找工作，或者是女性在家照顾抚养孩子，男性外出打工。总之，随着落后农村流动人口的大量出现，农村人口年龄结构有一定的改变。一般地，长期留守在农村的居民文化观念比较保守，老年人一般喜欢传统的文化活动，他们对文化服务具有特殊的需求；留守儿童对于农村公益文化建设又有着不同的需求。在春节等重大节日，打工的人们陆续返乡，农村人口的结构又趋向正常。同时，放假回村的大学生和在城市务工的返乡群众，由于受到城市文化的影响和熏陶，他们的文化观念更新较快，对农村公益文化活动的内容与形式又不同于平时在家的妇女、老人和儿童，这要求落后农村公益文化建设者要坚持与时俱进。

第三章
我国落后农村公益文化设施的作用

公益文化设施是公共文化事业的物质基础，是面向社会大众并提供传播知识、舆论引导、教育培训的重要载体。我国落后农村公益文化设施，是农村群众求富、求知、求乐的重要场所，是宣传党的路线、方针、政策的主阵地，是提高农村群众思想道德素质和生产技能的重要场所，是移风易俗、实现乡村文明的重要平台。

第一节　我国落后农村公益文化设施是
保障农村群众基本文化需求的主要前提

我国落后农村公益文化设施，是满足农村群众基本文化需求的重要保障，是落后农村增强社会主义主流意识形态的重要平台。加强我国落后农村公益文化设施建设，保障农村群众基本文化权利。

一、保障农村群众基本文化需求

我国落后农村公益文化设施是满足农村群众基本文化需求的重要保障。最大限度地满足农村群众基本文化需求是坚持"以人民为中心的发展思想"的重要内容。一般来说，农村群众的文化需求主要包含四个基本内容：

一是享受农村公益文化设施的需求。我国落后农村公益文化设施主要包括乡镇文化活动中心等基本文化场所，农村群众都有权利免费享用。

二是享受文化成果的需求。我国落后农村公益文化设施，如图书馆或农家书屋中的书籍，以及放映电影，开展音乐、舞蹈等文化活动，都是允许农村群众免费享用的。

三是参与文化活动的需求。政府尽可能地创造最大限度地满足农村居民文化参与的条件与氛围，最大限度地给予农村居民充分参与各种文化活动的文化机会和权力。

四是进行文化创造的需求。文化创造是农村居民基本文化需要的高层次表现，是发挥农村居民潜能、潜力的契机，是提高科学文化素质的过程。农村居民的文化需求，离不开公益文化设施的平台。

二、培育健康的文化土壤

农村公益文化设施是农村干部群众增强马克思主义在意识形态领域的指导地位的重要平台，也是广大农民群众开展文化活动的主要依托，是开展宣传教育、知识普及、法治宣传、技能提升、以文化人的载体，是农村文化事业发展的重要标志，是农村精神文明建设的基础。落后农村公益文化设施建设与服务的状况，反映了贫困农村文化发展的程度。加强我国落后农村公益文化设施建设，推动农村文化繁荣发展，培育健康的文化土壤，满足农村群众精神文化需求，提高农民思想文化道德素质，增加农村群众的凝聚力和向心力，提振农村群众振兴乡村的信心，营造良好的农村社会环境，推动农业农村可持续发展，确保落后农村同步全面建成小康社会。

第二节　我国落后农村公益文化设施是提升农村群众思想道德素质的重要载体

我国落后农村公益文化设施与服务，对于宣传党和国家的创新理论与大政、方针、政策，以及提升农村群众素养，都是重要的平台和载体。农村公益文化设施与服务在寓教于乐的文化活动中宣传党的路线、方针、政策和法律法规，在潜移默化中正面影响落后农村群众的思想文化素质。

一、发挥教育引导作用

在寓教于乐的文化活动中宣传党的路线、方针、政策和法律法规。我国落后农村公益文化设施承载着传播正能量，引导广大农村群众塑造正确的人生理想、社会理想及实现特定阶段奋斗目标的重任，承担着传播公民道德规范和法律制度等任务，具有明显的价值引导功能，也即人们所说的行为教化功能或宣教功能，对落后农村贫困群众的观念、态度、行为产生引导作用。农村公益文化设施不仅是传承中华优秀文化、弘扬中华美德、净化农村文化环境的载体，也是农村群众了解党的大政、方针、政策、法规的重要阵地。"党对农村的领导主要体现在政策上的领导，而政策上的领导要靠基层党组织不断加强对农民群众的政策宣传，从而使党的路线、方针、政策为广大农民群众所掌握，并转化为自觉行动。"[①] 新时代党的路线、方针、政策，主要通过基层党组织，通过传统媒体以及新型传媒等进行宣传。同时，也借助农村公益文化服务平台进行宣传。有些是在农村乡镇综合文化站举办农村群众喜欢的文艺节目，有些是通过政府资助的文化大院编排农村群众生产生活中的故事，有些是通过民间剧团开展村民喜闻乐见的节目表演，以丰富农村群众的文化生活，并将党和国家的方针、政策与法律法规传送给广大农村群众。从这个意义上说，没有这些传统和非传统的宣传媒体与农村文化活动，落后农村广大群众就不能及时理解、把握党和国家的方针、政策。所以，落后农村公益文化设施与服务，关系党和国家的方针、政策能否及时被群众熟知。

---

① 徐学庆.农村文化设施建设：问题、成因及推进思路［J］.中州学刊，2008（1）

二、提升农村群众的思想境界

在潜移默化中正面影响落后农村群众的思想文化素质。文化是一个国家和民族的精神支柱，反映了一个地区的风格与面貌，代表着社区或单位的形象。农村公益文化设施与服务传播引导着农村社区居民的信仰、价值观、伦理道德、思维方式、组织制度、历史传统与生活方式等。我国落后农村公益文化活动与服务过程，不仅是一个文化娱乐过程，也是农村群众培育价值观并形成社会主义核心价值观的过程，更重要的是人的思想境界提升的过程。在我国落后农村的发展过程中，一些农村群众仍然存在着不适应现代社会的思想观念和生活方式，一些农村甚至存在着较浓的封建迷信活动，一些农村存在着非法宗教活动，一些农村存在着邪恶势力和"黄、赌、毒"等社会丑恶现象。如，有些农村存在江湖术士、封建迷信等活动，以及假冒伪劣产品盛行等；有些地方，宗族帮派势力猖獗。这些低俗、迷信文化不仅使广大农村群众精神空虚，身心受到伤害，甚至削弱了农村群众的意志，且严重扰乱了农村经济社会发展秩序。这些现象既影响了落后农村群众思想观念，也影响了落后农村精神文明建设与社会和谐稳定，影响乡村振兴战略的实施，必须多措并举加以解决。而要解决这些问题，必须以问题为导向，加强农村公益文化设施建设与服务，使其发挥好培育社会主义核心价值观的主阵地作用，大张旗鼓地"加强社会公德、职业道德、家庭美德、个人品德教育，弘扬中华传统美德，弘扬时代新风。推进公民道德建设工程，弘扬真善美、贬斥假恶丑，引导人们自觉履行法定义务、社会责任、家庭责任，营造劳动光荣、创造伟大的社会氛围，培育知荣辱、讲正气、作奉献、促和谐的良好风尚"[①]。在落后农村群众中大力弘扬真善美，禁止和杜绝假恶丑，提倡社会主义、共产主义道德，反对封建的、腐朽落后的、不适应社会主义的道德思想。

---

① 胡锦涛. 坚定不移沿着中国特色社会主义道路前进　为全面建成小康社会而奋斗——在中国共产党第十八次全国代表大会上的报告［EB/OL］. 新华网，2012-11-17

第三节　我国落后农村公益文化设施是推进中国特色社会主义文化发展的主阵地

我国落后农村公益文化设施建设与服务，是传播马克思主义的主阵地，是培育和践行社会主义核心价值观的主要渠道，是推进农村文化建设的组成部分。推进落后农村公益文化设施建设与服务，可以更好地弘扬和传播中国特色社会主义文化即中华优秀传统文化、革命文化和社会主义先进文化，提高社会主义农村文化发展水平。

一、弘扬和传播中国特色社会主义文化

推进落后农村公益文化设施建设和服务，弘扬和传播中国特色社会主义文化，具有统一思想、凝聚人心、塑造灵魂的社会教化功能。它能够在一定层面体现国家文化软实力，增强农村干部群众的向心力和凝聚力。发挥好农村公益文化设施和服务的功能，让农村群众长期接受中国特色社会主义文化的熏陶，就会使干部群众凝聚到一块，团结协作，形成坚不可摧的力量。相反，如果不把中华优秀传统文化、革命文化、社会主义先进文化主动融入农村文化建设，积极占领文化制高点，那么各种非马克思主义的社会思潮、资本主义腐朽思想文化、封建残余思想文化就会趁虚而入。因此，大力推进落后农村公益文化设施建设与服务，传承和弘扬中华优秀传统文化、革命文化、社会主义先进文化，使其在落后农村思想文化阵地中占据主导地位，才能坚决抵制腐朽文化的侵蚀。

推进落后农村公益文化设施建设与服务，是提升农村群众思想文化素养的重要手段，它在传播科学文化知识、弘扬中国特色社会主义文化方面发挥着主阵地的作用。要通过完善落后农村公益文化设施与服务，加强相关领域的管理工作，充分发挥好落后农村综合文化活动中心等文化阵地作用，为农村群众提供休闲娱乐、技能学习、了解信息、发展自我等机会，支持和引导农村群众在思想上适应社会发展要求，促进农村公益文化发展，推进中国特色社会主义文化繁荣兴盛。一是充分用好农村群众学习新知识、新技能的文化场所和平台，引导农村群众加强对相关领域知识的了解和学习。二是借助这个平台，诚邀各

级文化部门开展送戏、送文化下乡活动。三是鼓励农村群众积极参与到农村文化活动中去。

推进落后农村公益文化设施建设与服务，能够充分挖掘民间文化资源，激发优秀民间文化艺人大量涌现，促进农村文化发展。近年来，一些落后农村群众自发建立农村文艺演出队，建设文化大院，举办篮球运动会等文化活动。实践证明，农村蕴藏着丰富的文化资源，深藏着优秀的文化艺人。要在挖掘和传承优秀民间文化资源的过程中，推进农村文化发展。目前，由于一些地方对挖掘和传承优秀民间文化资源缺乏清晰的认识，一些优秀民间文化资源的挖掘缺乏必要的经费支持，一些优秀传统文化遗产缺乏继承人等，使得一些优秀的传统民间技艺得不到延续乃至失传。因此，通过加强农村公益文化设施建设，较好地保护和利用有特色的民间文化艺术，如开发具有地域特色的剪纸、绘画、陶瓷、泥塑、雕刻、编织等民间工艺，大力发展戏曲、杂技等，开发花灯、龙舟、舞狮舞龙等民间艺术和民俗表演，使更多的优秀民间文化得以传承和创新发展。

二、促进乡风文明

加强我国落后农村公益文化设施建设和服务，为不断满足新时代农村群众日益增长的娱乐、求知、审美、交际等方面需求创造条件，提高落后农村公益文化服务水平，促进乡风文明。在农村公益文化活动中使农村群众转变观念、了解社会、武装头脑，达到放松心情、陶冶情操、获得精神满足的目的。农村公益文化建设的事实证明，中国特色社会主义文化是鼓舞落后农村群众积极向上向善的精神力量，是攻坚克难、精准脱贫致富的精神动力。落后农村公益文化活动与服务是浸润和滋养美好心灵、熏陶和培养高尚情操的"园地"。笔者在调查中发现，农村公益文化发展得好与快的往往是农村社区比较和谐、经济发展较好、百姓富裕、群众精神状态良好的乡镇。农村公益文化发展中，传承优秀文化也对人们更新思想观念、增强致富能力等，具有促进作用。如，我国大部分农村仍然保留和传承着深厚的孝义文化。在我国，孝义是一种优秀的文化传统，孝义主要体现在对待老人的态度和照料上。从孝义的角度看，养老是子女理所当然的义务。在一些农村，"养老是子女理所当然的义务"成为人们永恒的价值追求，是人们的一种道德习惯。如果某个家庭的子女有弃老、虐老等行为，就会遭到全村人的唾弃。当今时代，一些进城务工的农村青年，甚至是一些上大学的孩子，也要定期给家中的父母寄生活费，也有个别年轻人把父母接到身边共同生活等，令人敬佩和敬重。

第四节　我国落后农村公益文化设施与服务是
促进农村经济社会发展的重要平台

我国落后农村公益文化设施与服务是促进农村经济社会发展的重要平台。我国落后农村公益文化设施与服务，是传播科技知识、提高农村劳动者科学素养的载体，能够潜移默化地影响和提高农村群众的文化素养，转变农村群众的思想观念和思维方式，在一定意义上提高了劳动者素质，促进农村经济社会发展。

一、促进农村经济创新发展

我国落后农村公益文化设施与服务是提高农村群众素质、推动农村经济发展的重要手段。高效的农村公益文化设施与服务，直接影响着农村经济、文化、社会、生态资源，以及服务、管理、技术、人力资源等的全面整合与有效利用，从而进一步促进文化与经济、文化与科技的融合发展，推动农村经济社会的创新、开放、协调、绿色、共享发展。

首先，农村公益文化设施与服务是提高农村劳动者素质的途径。文化能凝聚人心、振奋精神，能使人更新观念、开阔视野、提高素质，从而推动经济发展。一是运用好农村公益文化设施，开展农村公益文化活动与服务，实现以文化人。通过文化的思想、艺术、知识引导，激励和教化农村群众，推进农村群众实现自我教育、自我净化、自我提高，激发农村群众内生动力，不断改进农村生产方式。二是运用好农村公益文化设施，开展农村公益文化活动与服务，提高农村群众的思维能力。通过文化的逻辑熏陶，科学、技艺素养的影响，提高农村群众认识事物、分析问题、解决问题的能力。加强农村文化建设，提高农村居民的能力和水平，为农村经济的可持续发展提供智力支持。

其次，农村公益文化设施与服务，有助于推动农村经济综合发展。"文化+"能直接创造大量的经济效益。现代社会，文化产业愈来愈成为国家或地区经济发展的重要组成部分。一是发展农村公益文化事业，是实现农村经济可持续发展的内在力量。开展农村公益文化活动与服务，特别是借助农村公益文化设施服务平台，开展有关农业知识、农业科技、劳动技能方面的学习和培训，提高农村群众的专业素质，从而为农村经济发展注入新的动力。二是发展农村公益文化事业，增强农村群众的创新能力。在农村公益文化发展中，通过发掘民族和民间传统文化，培育和发展特色文化产业，促进农村产业结构调整，带动区域经济发展。

二、提高农村劳动者的科学素养

我国落后农村公益文化设施与服务是传播科技知识、提高农村劳动者科学素养的载体。由于历史和地理环境的原因，广大贫困农村群众人均受教育年限短、科技文化水平不高，农业生产活动主要不是依靠农业科技，大部分是凭多年经验，这在一定程度上制约了农村经济的发展。通过农村公益文化设施与服务平台，推动农业科技向落后农村渗透。比如，农业科技部门可以把农业科技向落后农村延伸，组织专家定期定点到相应的落后农村进行农业科技生产知识的普及和推广，向村民讲解最新的农业科技应用，尽快让广大农村群众享受科技进步带来的成果。当今时代，在落后农村推广文明的生活方式，发展现代农业，离不开新发展理念和现代科学技术的引领，离不开新型职业农民。"培养成千上万懂技术、会经营的农民，需要教育培训的载体平台，而农村文化设施既是农民丰富文化生活的场所，也是为农民提供科技知识的载体。"[1]另外，一些农村在脱贫致富之后，物质生活需求得到了满足，但精神生活需求不能得到及时的满足，往往导致农村群众心理失衡，这种失衡现象必然引发封建迷信

---

[1] 邵伟.农村文化设施问题研究——基于湖州乡镇、村文化设施的调查［J］.湖州职业技术学院学报，2009（2）

活动、非法宗教活动等社会丑恶现象的滋生。通过大力开展农村公益文化活动与服务，充分利用好乡镇文化活动中心等，为农村群众提供学习农业科技知识、提高文化素养等的良好环境，有效引导广大农村群众顺应知识经济时代的潮流，自觉地摒弃和拒绝各种腐朽文化与腐朽思想。

第四章
我国落后农村公益文化设施
建设与服务的相关理论

　　加强公益文化设施建设，是落后农村全面建成小康社会的重要举措。我国落后农村公益文化设施建设与服务是惠及农村群众、保障农村群众基本文化权益的重要渠道，党和政府一直重视农村公益文化事业的发展。马克思主义经典作家以及我党的几代领导人有关文化事业方面的重要观点和理论，是推进我国落后农村公益性文化设施建设与服务完善的理论基础。我国落后农村公益文化设施建设与服务是政府基本公共服务的组成部分，因而有关政府基本公共服务的相关理论，也是落后农村公益文化设施建设与服务的理论支撑。

第一节　社会存在与社会意识的关系原理

社会存在具有客观实在性，它规定和影响着社会意识的形成。社会意识不过是对社会存在的反映，社会意识一旦形成，它会能动地反作用于社会存在。马克思指出："不是人们的意识决定人们的存在，相反，是人们的社会存在决定人们的意识。"① 这里所说的社会存在是指自然地理环境、人口因素以及物质资料的生产方式。"社会意识是指全部社会精神现象的总和，包括社会的政治法律意识、哲学、道德、艺术、科学、宗教等意识形式，以及风俗、习惯等社会心理现象。"② 社会存在和社会意识是历史唯物主义的基本范畴。社会存在和社会意识的关系问题是物质和意识的关系问题在社会生活中的具体表现。农村经济社会发展与农村公益文化设施及服务的关系，是社会存在与社会意识关系原理在农村发展中的具体运用。

一、社会存在决定社会意识

历史唯物主义认为，"社会存在决定社会意识"③。从社会发展的情况看，不同形式的社会意识的本质属性，它的内容都根源于社会存在，从根本上说它都是对社会存在的反映。首先，社会存在的多样性决定了反映社会存在的社会意识的多样性。就具体的个人来看，一个人之所以有这样或那样的思想意识是由其所处的地理环境、生活方式以及物质资料的生产方式的多样性所决定的。同样，对于一定的社会集团来说，不同社会集团的社会意识的多样性也是由不同集团所在的社会现实的多样性所决定的。其次，社会存在的变化决定着社会意识的变化。从社会意识的演变来看，社会意识随着社会存在的变化而变化，新的历史条件的产生，必然要求人们的社会意识与之相适应，并且社会存在变化的状况影响和规定着人们社会意识变化的状况；人们思想观念的产生、发展和消失，其根本原因只能由社会存在的实际变化的状况来解释。现代社会，广大干部群众思想观念的转变，无不与我国生产力的发展、

① 马克思恩格斯选集（第二卷）［M］．北京：人民出版社，1995：32
② 肖前．马克思主义哲学原理（上册）［M］．北京：中国人民大学出版社，1994：296
③ 肖前．马克思主义哲学原理（上册）［M］．北京：中国人民大学出版社，1994：299

社会进步的程度相关联。

二、社会意识对社会存在的能动反作用

社会意识之所以对社会存在具有能动的反作用，主要在于人是有意识的存在物，人的意识性规定了人从来不会满足于现状，人期望变革不满意的现实。要变革现实社会、改变生活环境，人们首先要从人以及外部世界事物的演化规律，认识人类社会产生、发展的规律。一旦把握了事物变化的规律、人类发展的规律、人的演化规律，人们就力求按照事物发展的规律重新塑造自己认为理想的社会和环境，创造符合当代人需要的现代社会和环境，就像人们学会了建造楼房的技艺后，就力求按照自己的意愿建造符合自己愿望的独特的楼房。因此，从积极意义上说，人们认识社会的目的，是为了改造更加适宜于人的社会，也就是说，社会意识反作用于社会存在，是人的本能所在。当然并不是所有的社会意识都对社会存在具有正面的积极的作用。当社会意识反映事物发展的规律、符合事物前进方向时，它对社会存在具有巨大的推动作用；当社会意识不能反映事物发展的规律或不符合事物前进方向时，它对社会存在的发展起着阻碍作用。因此，人们不断地修正着认识事物的方法和角度，力求从事物变化的过程中，寻求事物发展的趋势，把握事物发展的规律和方向，以对事物的发展产生积极的作用；即使人们在社会发展遇到困难时，也会按照事物发展的规律，因势利导，转危为安，化危为机，从困难中看到战胜困难的有利因素，信心百倍地去推动经济社会发展。

三、社会存在与社会意识的关系原理为我国落后农村公益性文化建设提供了理论渊源

马克思主义关于社会存在与社会意识的关系原理，为我国落后农村公益性文化建设奠定了科学的理论基础。马克思认为，人们的社会存在决定人们的意识。同时，马克思在《政治经济学批判》一书中又提出了物质生产与精神生产发展不平衡关系，指出"精神生产与物质生产是两种性质不同的生产，它们所产生的价值也不同"[①]。马克思主义经典作家认为，精神生产与物质生产具

---

① 马克思恩格斯选集（第二卷）［M］.北京：人民出版社，1995：32

有同等重要的作用，思想文化工作者都属于社会上层建筑的"意识形态阶层"的劳动者，他们从事劳动的目的是创造出思想上、文化上、艺术上具有特殊使用价值的精神产品。这些论述对我国落后农村公益文化设施建设与服务具有重要的指导意义。我国落后农村公益文化设施与服务，作为独特的文化艺术活动载体，"它可以充分挖掘人们内心所固有的超越物质非功利性的一面，引导人们对真善美的深层追求"①。在某种意义上说，我国落后农村公益文化设施建设与服务，为农村群众提供的是一种追求高尚、回归精神的场所，也是培养人们审美情趣的一个途径，这正是今天农村公益文化设施建设与服务所承担的责任。

第二节　我国落后农村公益文化设施建设与服务的本质

党和国家主要领导人历来都对文化建设非常重视，并在革命、建设和改革发展的不同时期，根据我国社会主义文化建设与发展实际，进行了重要的论述，这些论述是人民群众日益增长的精神文化需求的反映，是党和政府根据我国社会主义的发展变化，适应我国经济社会等各个方面发展变化的需要不断地对社会主义文化建设进行探索的结果。这些论述，指明了我国落后农村公益文化建设与发展的目标，提出了我国落后农村公益文化设施建设和服务的本质要求，是我国落后农村公益文化发展的理论遵循。

一、社会主义文化发展的人民性

以毛泽东同志为核心的党中央关于社会主义文化建设的理论，是我国新民主主义革命时期、社会主义建设时期文化建设的指针，也是不断完善农村公益文化设施建设与服务的科学依据和指导。

（一）我国社会主义文化为最广大的人民群众服务

文化是反映现实并反作用于现实的思想观念、生活习惯、思维方式和行

---

① 门献敏.论农村社区公益性文化建设的理论基础与战略原则［J］.探索，2011（1）

为习惯。在新民主主义时期，毛泽东就提出"文艺为最广大的人民群众，首先为工农兵服务的方向，坚持百花齐放、推陈出新、洋为中用、古为今用的方针"。①在继承马克思主义文化理论的基础上，毛泽东指出："一定的文化（当作观念形态的文化）是一定社会的政治和经济的反映，又给予伟大影响和作用于一定社会的政治和经济；而经济是基础，政治则是经济的集中表现。"②毛泽东把新民主主义文化概括为民族的科学的大众的文化，指出了新民主主义革命时期中国先进文化的主要内涵。毛泽东还提倡在借鉴人类一切优秀文化成果的基础上，"应当以中国人民的实际需要为基础"，推进我国文化繁荣与发展。这些论述为落后农村公益文化设施建设与服务提供了科学的依据。

（二）文化是民族的科学的大众的为人民服务的文化

1940年1月，毛泽东在《新民主主义论》中强调："新民主主义的文化是民族的科学的大众的文化，大众的因而也就是民主的，它应该是为全国绝大多数人民群众服务并成为他们的文化。"③我国的文化具有民主性，文化的民主性必然要求文化是为广大人民群众服务的，为人民群众所享有的。《中国人民政治协商会议共同纲领》规定："……中华人民共和国实行新民主主义的，即民族的科学的大众的文化教育政策……"④我国党和政府"提倡文学艺术为人民服务"，"发展人民的戏剧电影事业"，"加强劳动者的业余教育和在职干部教育"。⑤1949年6月，毛泽东在新政协筹备会议上强调指出，我国即将成立的新政府的工作重点之一，就是恢复和发展人民的文化事业。毛泽东特别强调我国文化事业必须服务于人民群众，并把这些工作也作为主要工作和重点工作，为新中国成立后我国文化（包括农村文化）的繁荣与发展提供了直接的政策理论基础，也是我国落后农村公益文化建设的理论支撑。

① 门献敏.论农村社区公益性文化建设的理论基础与战略原则［J］.探索，2011（1）
② 毛泽东选集（第二卷）［M］.北京：人民出版社，1991（第2版）：663~664
③ 毛泽东选集（第二卷）［M］.北京：人民出版社，1991（第2版）：706~708
④ 中共中央党史研究室.中国共产党历史（第二卷）（1949—1978）上册［M］.北京：中共党史出版社，2011：15
⑤ 中共党史文献选编——社会主义革命和建设时期［M］.北京：中共中央党校出版社，1992：18

（三）文化运动是一定社会的思想观念深入人心的活动

文化运动是一定社会的思想观念、思维方式的普及、推广和深入人心的活动。毛泽东在《湖南农民运动考察报告》中指出："政治宣传的普及乡村，全是共产党和农民协会的功绩。很简单的一些标语、图画和讲演……收效非常之广而速。"[1] 当时中国社会中，处于社会底层的占人口比例最大的农民基本没有接受过文化教育。"在农民运动的影响下大办夜学，并取名叫农民学校，平均每个乡有一所这样的农民学校，湖南全省几万所学校在农村涌现出来，农民的文化程度得到了迅速提高。"[2] 农民文化运动，极大地促进了苏区、根据地和解放区的农村文化艺术工作，迅速地降低了大批农村群众的文盲程度，提高了农村群众的综合素质，解放了农村群众的思想意识，提高了农村群众参与文化活动的能力。毛泽东关于农民文化运动的论述，是新时代如何改造农村群众，在潜移默化的文化教育中影响农村群众、提升农村群众的基本遵循，对于落后农村公益文化建设具有重要的指导意义。

（四）提高农村群众的文化素养

在革命根据地长期的实践中，毛泽东探索和完善了当时农村文化发展的体制机制。毛泽东在《长冈乡调查》和《下溪乡调查》中就提出了当时共产党领导的农村文化建设工作的组织运行和体制机制。从机构设置上来看，"长冈乡苏下的委员会分村级和乡级。其中设有教育委员会，有委员九人。（当时中央苏区各县、区、乡都设有分管文化教育和出版等工作的文化委员会，1933年后改为教育委员会）"[3]。从文化教育活动的层级来看，长冈乡的文化教育活动主要分为三个层级，首先是小学教育，把学生分为甲、乙、丙3个班，老师基本上是义务的。其次是开办夜校。为照顾青壮年白天没有时间学习的问题而开办夜校。夜校学员的年龄大都在16~45岁，并根据夜校学员的文化程度分成甲、乙、丙班，因材施教。再次是办识字班，为照顾条件更为困难的群众而开办识字班。"小孩子累赘的，'更多年纪的'，家里人太少离夜学又远的，

---

① 毛泽东选集（第一卷）［M］．第2版．北京：人民出版社，1991：35
② 毛泽东选集（第一卷）［M］．第2版．北京：人民出版社，1991：39~40
③ 毛泽东文集（第一卷）［M］．北京：人民出版社，1993：290、306~309

这些人编入识字班。"① 识字班的办学方式更为灵活，"少则三四个人一组，多则十几个人一组，并选出一组长，组长由稍微认识一些字的人承担，大多由夜校学员担当，学习的形式是随时随地随人数，以方便为宜，随时学习，并有作业完成，以便老师指导。学习内容除了识字外还学习时事政治，有时也教唱歌曲。"② 这种更加灵活机动的学习方式方法确实达到了解决很多文盲的识字问题的目的。另外，为了活跃群众的文化生活，全面提高农村群众的文化素养，在乡村还开展体育、文艺以及读报、墙报等活动，以提高农村群众的识字程度和文化水平。从文化工作的方法与原则上来看，毛泽东指出："应该朝着最能够接近广大群众，最能够发挥群众的积极性与创造性……使苏维埃工作与革命战争、群众生活的需要完全配合起来，这是苏维埃工作的原则。"③ 这里突出强调了文化工作要与农村群众的劳动生产和日常生活相结合，文化活动要以农村群众的方便为宜。从文化管理体制上来看，当时基本上实行文化教育事务管理自治，一切文化艺术活动都以农村群众的自身条件为前提，上级政府只起指导和组织协调作用。工作人员基本以义务工作为主，工作人员原来应承担的农活等由村找帮工完成。文化活动经费基本上以乡村自筹为主。毛泽东关于农村文化发展的体制机制的探索，对于我国落后农村公益文化设施建设与服务仍然具有重要的现实意义。

二、社会主义精神文明建设

改革开放的新进程，使我们党和国家的各项事业都出现了新变化，要求我们适应新变化，提出新观点、新思想。在文化建设领域，邓小平等党和国家领导人对文化建设相关理论进行了探索，提出了社会主义精神文明建设以及加强文化建设的新论述。

（一）加快建设有中国特色的社会主义文化

在中国改革开放过程中，作为改革开放总设计师的邓小平对文化建设有许多独到的见解。邓小平指出："社会主义制度的优越性表现在它的文化、科

---

① 毛泽东文集（第一卷）［M］．北京：人民出版社，1993：308
② 毛泽东文集（第一卷）［M］．北京：人民出版社，1993：309
③ 毛泽东文集（第一卷）［M］．北京：人民出版社，1993：343

学技术水平应该比资本主义发展得更快、更先进。"① 社会主义国家制度应该比资本主义国家制度更加优越，在文化科学技术方面理应比其他制度的国家发展得更快，我们既要借鉴学习其他国家文化与科技成果先进的领域，又要着眼于中国发展的实际，探索适合于中国发展特点的文化和技术，大力发展社会主义文化，努力建设社会主义文化。

（二）高度重视社会主义文化建设

社会主义文化建设是社会主义建设的重要组成部分。邓小平等党和国家领导人强调经济建设重要性的同时，强调重视文化建设、提高全民族的科学文化水平和道德素养的重大意义。改革开放初，邓小平在给第四次文代会的贺词中指出，必须在以经济建设为中心的同时，高度重视文化建设，丰富和发展高尚的精神文化生活，极大地提高全民族的科学文化水平和道德素养。我们要坚持文艺为最广大的人民群众服务的思想，文化艺术服务于群众，文化建设扎根于群众。要鼓励群众参与文化艺术活动，保障人民的文化权益。邓小平特别重视农村文化建设，他强调指出，发展农村文化教育事业是我国社会主义事业发展的必然要求。

（三）在文化建设中提高人的精神境界

文化建设要突出理想信念教育和中华民族精神的传承与弘扬。1980 年，邓小平在《贯彻调整方针　保证安定团结》的讲话中指出："我们要建设的社会主义国家，不但要有高度的物质文明，而且要有高度的精神文明。所谓精神文明，不但是指教育、科学、文化（这是完全必要的），而且是指共产主义的思想、理想、信念、道德、纪律，革命的立场和原则，人与人的同志式关系，等等。"② 突出文化建设的马克思主义指导的重要性以及弘扬中华民族精神和共产党人的革命精神。邓小平指出："我们一定要宣传、恢复和发扬延安精神，解放初期的精神，以及六十年代初期克服困难的精神。"③ 加强社会主义文化建设，要坚持马克思列宁主义、毛泽东思想，体现社会主义社会的核心价值，坚持社会主义文化建设的原则，坚定人民群众立场，依靠广大人民群众的力量。同样，社会主义农

---

① 中共中央文献研究室编.邓小平年谱（一九七五——一九九七）（上）[M].北京：中央文献出版社，2004：200
② 邓小平文选（第二卷）[M].北京：人民出版社，1994：367
③ 邓小平文选（第二卷）[M].北京：人民出版社，1994：369

村发展也不只是表现在政治、经济方面，也表现在文化和社会建设方面。

三、中国特色社会主义文化建设

20 世纪 80 年代末 90 年代初，国际形势较为复杂，我国的社会主义市场经济改革处于关键时期。这一时期党和国家领导人有关文化建设方面的论述，对于我国农村公益文化建设的实践探索具有重要的指导意义。

（一）中国特色社会主义文化的提出

改革开放以来，我国在中国特色社会主义建设的探索中取得了巨大的成就。中国特色社会主义文化是中国特色社会主义的鲜明特色。党的十五大报告以较大篇幅专门论述文化建设，首次提出"建设有中国特色社会主义的文化"重大命题，指出："在改善物质生活的同时，充实精神生活，美化生活环境，提高生活质量。""建设有中国特色社会主义，必须着力提高全民族的思想道德素质和科学文化素质，为经济发展和社会全面进步提供强大的精神动力和智力支持，培育适应社会主义现代化要求的一代又一代有理想、有道德、有文化、有纪律的公民。"[①] 中国特色社会主义文化建设是中国特色社会主义建设的重要组成部分，是满足人民群众日益增长的精神文化需要的客观要求。加强中国特色社会主义文化建设，提高人民群众的整体素质。

（二）中国特色社会主义文化是综合国力的重要标志

在继承毛泽东、邓小平等领导人关于我国文化建设的论述的基础上，江泽民在新的历史条件下，进一步论述了中国特色社会主义文化建设的重要性。江泽民指出："有中国特色社会主义的文化，是凝聚和激励全国各族人民的重要力量，是综合国力的重要标志。"[②] 这一论断体现了经济发展中经济文化化和文化发展中文化经济化的趋势，标志着我们党对于文化在综合国力中的重要作用有了深刻的认识和把握。在新的历史条件下，必须将建设中国特色社会主义文化确定为中国文化建设的目标和任务。只有大力"发展面向现代化、面向世界、面向未来的，民族的科学的大众的社会主义文化"[③]，才能满足人民

---

① 江泽民文选（第二卷）［M］. 北京：人民出版社，2006：17、27、33
② 江泽民文选（第二卷）［M］. 北京：人民出版社，2006：33
③ 江泽民. 高举邓小平理论伟大旗帜，把建设有中国特色社会主义事业全面推向二十一世纪——在中国共产党第十五次全国代表大会上的报告［M］. 北京：人民出版社，1997：9

群众日益增长的多层次精神文化需求，不断提高全民族思想道德素质和科学文化素质，凝聚推动我国经济社会发展的精神力量，提升我国文化软实力。这一论断也为我国落后农村公益文化建设与服务提供了理论指导和理论基础。党的十六大报告指出的全面建设小康社会的目标之一就是"人民的政治、经济和文化权益得到切实尊重和保障"，"形成全民学习、终身学习的学习型社会，促进人的全面发展"。[①] 只有加强落后农村公益文化设施建设和服务，提升落后农村群众的科学水平和技能，才能大幅度提高全民的思想文化素质。

（三）中国特色社会主义文化建设的核心内容

社会主义核心价值体系是我国文化建设的核心内容。20 世纪 80 年代末至党的十六大前，我们党的文献中还没有明确提出社会主义核心价值体系这一概念，但党和国家领导人的很多论述已经谈到与社会主义价值体系有关的内容，为后来形成社会主义核心价值体系概念提供了理论准备。江泽民指出："马克思列宁主义、毛泽东思想的指导地位……也是社会主义文化建设的根本，决定着我国文化事业的性质和方向。""社会主义的文化，必须继承发扬优秀传统文化而又充分体现社会主义时代精神"[②]；马克思主义是中国特色社会主义文化建设的指导思想。"坚持马克思主义，最重要的就是要坚持马克思主义的科学原理和科学精神、创新精神……""大力倡导和弘扬科学精神、创新精神……"[③] 在社会主义制度下，中国特色社会主义文化既要传承又要创新，在传承中创新，在创新中传承。"在全社会形成共同理想和精神支柱，是有中国特色社会主义文化建设的根本。""大力弘扬爱国主义、集体主义、社会主义和艰苦创业精神。"[④] 在中国特色社会主义文化发展中弘扬民族精神，"民族精神是一个民族赖以生存和发展的精神支撑。"[⑤] 要在文化建设中注重爱国主义教育，突出以集体主义和诚实守信为重点的道德教育等。江泽民有关社会主义核心价值相关内容的论述，指明了落后农村公益文化建设与服务的

---

① 江泽民文选（第三卷）［M］.北京：人民出版社，2006：543
② 中共中央文献研究室编.江泽民论有中国特色社会主义（专题摘编）［M］.北京：中央文献出版社，2002：384
③ 江泽民文选（第三卷）［M］.北京：人民出版社，2006：37
④ 中共中央文献研究室编.江泽民论有中国特色社会主义（专题摘编）［M］.北京：中央文献出版社，2002：389
⑤ 江泽民文选（第三卷）［M］.北京：人民出版社，2006：559

发展方向和任务。

（四）中国特色社会主义文化建设的丰富和发展

为了适应中国特色社会主义发展的要求，满足不同层次人民群众的文化需求，促进文化体制改革，中国共产党提出了文化产业的概念，并把文化建设划分为文化事业建设和文化产业建设。党的十六大报告提出："积极发展文化事业和文化产业。"[①]"国家支持和保障文化公益事业，并鼓励它们增强自身发展活力。坚持和完善支持文化公益事业发展的政策措施……扶持老少边穷地区和中西部地区的文化发展。"[②] 不断加强落后农村文化基础设施的建设，大力提高农村群众的文化素质。我国的文化发展划分为文化事业发展和文化产业发展，明确定位了政府公共财政在文化建设方面的主要责任就是保障我国公益性文化事业的发展。发展公益性文化事业、保障人民群众基本文化权益的实现，主要由政府公共财政投入；发展文化产业是由市场来完成，依照市场规律发展文化产业以满足不同阶层的文化消费需求。国家有关文化事业与文化产业的划分，为文化体制改革提供了理论基础，为我国落后农村公益文化设施建设与服务提供了方法论指导。

江泽民在我国文化建设的论述中，就基层文化建设特别是落后农村公益文化设施建设与服务提出了具体的指导意见。他强调指出："保障工人阶级和广大劳动群众的经济、政治、文化权益，是党和国家工作的根本基点……""保证工人阶级和广大劳动群众行使管理国家事务、经济和文化事业、社会事务的权利……首先必须保证他们在基层的经济、政治、文化和其他社会事务中当好家作好主……"[③] 我国落后农村公益文化建设，必须充分发挥农村群众的主体作用，要让农村群众参与到农村文化建设中来。同时，我国落后农村公益文化设施建设与服务，必须植根于落后农村的具体实际，包括弘扬和传承中华优秀文化以及当地人保留下来的反映他们生产生活方式的原生态的农村文化，推动落后农村文化发展，提高村民素质，加快脱贫致富的步伐。

---

① 江泽民.全面建设小康社会，开创中国特色社会主义事业新局面——在中国共产党第十六次全国代表大会上的报告［EB/OL］.中广网，2002-11-19
② 江泽民文选（第三卷）［M］.北京：人民出版社，2006：561
③ 江泽民文选（第三卷）［M］.北京：人民出版社，2006：245

四、中国特色社会主义文化繁荣发展

进入 21 世纪，世界政治经济文化和社会发展变化更加复杂，文化在国家综合国力竞争中的地位和作用更加凸显。随着我国经济社会的迅猛发展，满足人民群众对文化的需求更加迫切。在这一历史背景下，中国特色社会主义文化理论得到了进一步丰富和发展。

（一）中国特色社会主义文化繁荣发展是中华民族复兴的必要条件

进入新世纪，文化在国际竞争力中的作用越来越明显，文化在国家和民族发展中的作用越来越大。当今世界，在各种文化交流、交融、交锋的背景下，"谁占据了文化发展制高点，谁拥有了强大文化软实力，谁就能够在激烈的国际竞争中赢得主动"。要"自觉把文化繁荣发展作为坚持发展是硬道理、发展是党执政兴国第一要务的重要内容"。①胡锦涛指出："一个没有文化底蕴的民族，一个不能不断进行文化创新的民族，是很难发展起来的，也是很难自立于世界民族之林的。要提高发展水平，增强发展后劲，提高群众生活质量，必须高度重视并全面推进文化建设。"②"文化是民族的血脉……实现中华民族伟大复兴，离不开中华文化繁荣兴盛。"③任何一个国家和民族的发展都离不开文化的繁荣与发展，一个地区的进步与发展同样离不开文化的发展，离不开每个人文化素质的提升。胡锦涛关于文化建设的重要性的论述，对于认识我国落后农村公益文化建设的重要性意义重大。在我国全面贯彻落实新发展理念，推进中国特色社会主义事业不断发展的过程中，必须及时弥补发展滞后的短板，特别是通过加强我国落后农村公益文化设施建设和服务，满足落后农村群众的基本文化需求，提高他们的道德文化素质，以促进落后农村群众尽快脱贫致富。

（二）中国特色社会主义文化建设的根本任务是社会主义核心价值体系建设

"社会主义核心价值体系"这一概念，是在党的十六届六中全会通过的

---

① 胡锦涛.坚定不移走中国特色社会主义文化发展道路　努力建设社会主义文化强国［J］.求是，2012（1）
② 毛泽东、邓小平、江泽民和胡锦涛论述文化建设的重要地位［N］.光明日报，2012-02-20
③ 胡锦涛.在中国文联第九次全国代表大会、中国作协第八次全国代表大会上的讲话［N］.人民日报，2011-11-23

《中共中央关于构建社会主义和谐社会若干重大问题的决定》中首次提出的。社会主义核心价值体系概括为"马克思主义指导思想，中国特色社会主义共同理想，以爱国主义为核心的民族精神和以改革创新为核心的时代精神，社会主义荣辱观"①。社会主义核心价值体系是"社会主义先进文化的精髓，决定着中国特色社会主义发展方向"②。十七届六中全会《决定》指出：中国特色社会主义文化发展"以建设社会主义核心价值体系为根本任务"③。落后农村公益文化建设，作为中国特色社会主义文化建设的组成部分，要坚持"以建设社会主义核心价值体系为根本任务"和价值目标，将社会主义核心价值体系的思想与精神融入落后农村公益文化服务的过程中，体现在农村公益文化活动中，并结合落后农村的文化特色和农村群众喜闻乐见的艺术形式，创作更多更好地弘扬社会主义核心价值的文化艺术作品，以激发落后农村群众走向富裕的信心和决心。

（三）大力促进公益文化事业发展

要继续推进公益文化事业的发展。新中国成立以来，党和国家就十分重视公益文化事业发展，大力支持公益文化各个领域的建设，以法律的形式对公益文化事业的发展予以保障，各级政府财政对公益文化事业的发展给予大力支持。进入新世纪，我国公益文化事业发展进入新的阶段。2006年9月，《国家"十一五"时期文化发展规划纲要》明确提出"优先发展公共文化服务和公益性文化事业，积极稳妥推进文化体制改革"的基本战略思想。2006年10月，《中共中央关于构建社会主义和谐社会若干重大问题的决定》明确提出："坚持把发展公益性文化事业作为保障人民文化权益的主要途径……"④并提出了一系列关于人民文化权益保障和完善公益性文化服务体系的具体措施与实施途径。党的十七大报告明确提出："坚持把发展公益性文化事业作为保障人民基本文化权益的主要途径……"⑤2011年3月，《中华人民共和国国民经济和社

①②③《中共中央关于深化文化体制改革推动社会主义文化大发展大繁荣若干重大问题的决定》辅导读本［M］.北京：人民出版社，2011：11
④ 中共中央关于构建社会主义和谐社会若干重大问题的决定［EB/OL］.中国网，2006-10-18
⑤ 胡锦涛.高举中国特色社会主义伟大旗帜　为夺取全面建设小康社会新胜利而奋斗——在中国共产党第十七次全国代表大会上的报告［EB/OL］.新华网，2007-10-24

会发展第十二个五年规划纲要》指出："坚持一手抓公益性文化事业，一手抓经营性文化产业"。①2016 年 3 月，《中华人民共和国国民经济和社会发展第十三个五年规划纲要》指出："完善公共文化设施网络，加强基层文化服务能力建设。加大对老少边穷地区文化建设帮扶力度。加快公共数字文化建设。""鼓励社会力量参与公共文化服务。继续推进公共文化设施免费开放。繁荣发展文学艺术、新闻出版、广播影视和体育事业。加强老年人、未成年人、农民工、残疾人等群体的文化权益保障。"这些都是我国公益性文化事业发展的指导思想和根本保证。

（四）推进农村公益文化建设

加强农村公益文化设施建设，提高农村公益文化服务水平。我国公益文化事业发展要保障农村群众基本文化需求。2005 年，《中共中央　国务院关于推进社会主义新农村建设的若干意见》提出："各级财政要增加对农村文化发展的投入，加强县文化馆、图书馆和乡镇文化站、村文化室等公共文化设施建设，继续实施广播电视'村村通'和农村电影放映工程……构建农村公共文化服务体系。"②中国共产党第十七届六中全会专门研究和部署文化建设，并把农村文化建设作为一个专题进行研究。农村公益文化设施建设和服务，是保障农村群众基本文化权益的需要。各级党和政府要加大农村公益文化服务建设的投入，完善农村基本文化设施，开展一些群众喜闻乐见的文化活动，拓展文化服务领域，满足农村群众基本文化需要，"要特别维护低收入群体和特殊群体的基本文化权益"。"要积极鼓励广大群众建设各种形式的文化活动阵地，支持兴办各种文化团体组织，引导并达到群众能够在文化建设中自我创造、自我服务和发展。"③党的十七届六中全会《决定》指出："增加农村文化服务总量，缩小城乡文化发展差距……"④要把人民群众的精神文化需要放到头等

---

① 中华人民共和国国民经济和社会发展第十二个五年规划纲要［N］.人民日报，2011-03-17
② 中央文献研究室选编.十六大以来重要文献选编（下）［M］.北京：中央文献出版社，2008：149~150
③ 中央文献研究室选编.十七大以来重要文献选编（上）［M］.北京：中央文献出版社，2009：749~750
④《中共中央关于深化文化体制改革推动社会主义文化大发展大繁荣若干重大问题的决定》辅导读本［M］.北京：人民出版社，2011：26

重要的位置，要"加强公益性文化设施建设，鼓励社会力量捐助和兴办公益性文化事业……优先安排关系群众切身利益的文化建设项目，突出抓好广播电视村村通工程、社区和乡镇综合文化站（室）工程"。[①] 十六届五中全会强调指出："要促进公共文化服务体系的建设……提高农村广播电视村村通水平，加强文化基础设施建设。按照面向基层，服务群众的要求，增强各类公益性文化事业单位的活动"，强调文化建设要面向基层群众，提高农村公益文化服务能力。党和国家提出的 2020 年目标是："城乡基本公共服务均等化明显推进，农村文化进一步繁荣，农民基本文化权益得到更好落实"，并提出："必须扩大公共财政覆盖农村范围，建立稳定的农村文化投入保障机制，推进国家文化信息资源共享工程建设，广播电视村村通工程建设，加强农家书屋建设、乡镇综合文化站和村文化室建设、农村电影放映工程等重点文化惠民工程建设。扶持以农村为题材的文化产品的创作和生产，积极开展农民乐于参与、方便参与的文化活动。"[②] 要加大落后农村重大公益文化建设项目实施的力度，完善农村公益文化服务体系，大力发展农村公益性文化事业。

五、新时代中国特色社会主义文化建设

十八大以来，以习近平同志为核心的党中央，励精图治、砥砺奋进，不仅使我国经济建设、政治建设、社会建设、生态文明建设等取得巨大的成就，文化建设也取得历史性进步。

（一）意识形态工作是农村公益文化建设的灵魂

马克思主义作为中国共产党的指导思想，是指导我国各项事业发展的核心力量。巩固马克思主义在意识形态领域的指导地位，牢牢把握党对意识形态工作的领导权，是坚持马克思主义指导思想的根本保障。习近平同志高度重视意识形态工作，在全国宣传思想工作会议上强调指出，"意识形态工作是党的一项极端重要的工作"，"要巩固马克思主义在意识形态领域的指导

---

① 中央文献研究室选编. 十六大以来重要文献选编（下）[M]. 北京：中央文献出版社，2008：656

② 中央文献研究室选编. 十七大以来重要文献选编（上）[M]. 北京：中央文献出版社，2009：672、683

地位，巩固全党全国人民团结奋斗的共同思想基础"①。在十八届三中全会第一次全体会议上，习近平同志进一步强调："面对改革发展稳定复杂局面和社会思想意识多元多样、媒体格局深刻变化，在集中精力进行经济建设的同时，一刻也不能放松和削弱意识形态工作，必须把意识形态工作的领导权、管理权、话语权牢牢掌握在手中，任何时候都不能旁落，否则就要犯无可挽回的历史性错误。"②意识形态工作事关举什么旗、走什么路、坚持什么方向等重大问题，事关党的前途命运和国家长治久安。我国农村公益文化建设，面临着错综复杂的发展环境问题，要因势而谋、应势而动、顺势而为，"牢牢掌握意识形态工作领导权、管理权、话语权，必须不断巩固马克思主义在意识形态领域的指导地位。"③在农村公益文化建设中，要引导广大党员和干部认真学习马克思主义理论。"这是我们做好一切工作的看家本领，也是领导干部必须普遍掌握的工作制胜的看家本领。"④要在掌握马克思主义立场、观点、方法上下工夫。在当代中国，学习和坚持习近平新时代中国特色社会主义思想，就是真正坚持和发展马克思主义。"新时代中国特色社会主义思想，是对马克思列宁主义、毛泽东思想、邓小平理论、'三个代表'重要思想、科学发展观的继承和发展，是马克思主义中国化最新成果，是党和人民实践经验和集体智慧的结晶，是中国特色社会主义理论体系的重要组成部分，是全党全国人民为实现中华民族伟大复兴而奋斗的行动指南，必须长期坚持并不断发展。"⑤坚持和发展中国特色社会主义文化，必须以习近平新时代中国特色社会主义思想为指导，"牢牢掌握意识形态工作领导权。"⑥因此，习近平关于做好意识形态工作的论述是指导落后农村公益文化建设的重要指导思想。

① 习近平在全国宣传思想工作会议上强调胸怀大局把握大势着眼大事 努力把宣传思想工作做得更好［N］.人民日报，2013-08-21
② 中共中央文献研究室.习近平关于全面深化改革论述摘编［M］.北京：中央文献出版社，2014：98
③ 王伟光.牢牢掌握意识形态工作领导权管理权话语权——深入学习贯彻习近平同志在全国宣传思想工作会议上的重要讲话精神［N］.人民日报，2013-10-08
④ 习近平在中共中央党校建校80周年庆祝大会暨2013年春季学期开学典礼上的讲话［N］.人民日报，2013-03-04
⑤⑥ 党的十九大报告辅导读本［M］.北京：人民出版社，2017：20、41

（二）提升社会主义核心价值观建设水平是农村公益文化建设的重点

"富强、民主、文明、和谐，自由、平等、公正、法治，爱国、敬业、诚信、友善，传承着中国优秀传统文化的基因，寄托着近代以来中国人民上下求索、历经千辛万苦确立的理想和信念，也承载着我们每个人的美好愿景。"[①] 社会主义核心价值观体现了国家富强、民族振兴、人民幸福的价值追求。习近平同志在中央政治局第十三次集体学习时指出：核心价值观是"决定文化性质和方向的最深层次要素。一个国家的文化软实力，从根本上说，取决于其核心价值观的生命力、凝聚力、感召力"[②]。

培育和弘扬社会主义核心价值观，必须传承和创新中华优秀传统文化。社会主义核心价值观蕴含着中华优秀传统文化最深厚的文化基因、精神纽带、价值源泉。习近平强调指出："中华文化源远流长，积淀着中华民族最深层的精神追求，代表着中华民族独特的精神标识，为中华民族生生不息、发展壮大提供了丰厚滋养。"[③] 培育和弘扬社会主义核心价值观，不能抛弃中华优秀传统文化这个根本，否则，就会成为无源之水、无本之木。在我国落后农村公益文化建设中，培育和践行社会主义核心价值观，就要从每一个人为人处世和家道伦常这一中华优秀传统文化的"根基"做起。事实上，中华优秀传统文化就潜藏在每个人的信念和操守之中，是每个人安身立命、求得心灵慰藉的精神家园。培育和弘扬社会主义核心价值观，就是将每个人内心存在的为人处世和家道伦常升华为对核心价值观的认同。培育和践行社会主义核心价值观，必须引导农村群众对中华优秀传统文化的理解和传承。要通过组织专家讲解以及帮助农村群众多读一些浅显易懂、图文并茂的优秀传统文化通俗读物，使群众看得懂、记得住、用得上中华优秀传统文化，剔除落后的不适应时代发展的文化糟粕，发挥以文化人、以文育人的功能。培育和践行社会主义核心价值观，必须引导农村群众参加一些积极健康的活动。通过

---

① 习近平.青年要自觉践行社会主义核心价值观——在北京大学师生座谈会上的讲话［EB/OL］.人民网，2014-05-05

② 习近平在中共中央政治局第十三次集体学习时强调把培育和弘扬社会主义核心价值观作为凝魂聚气强基固本的基础工程［N］.人民日报，2014-02-26

③ 佘双好.构建当代中国人的精神世界［N］.人民日报，2017-01-10

举办一些纪念祖先活动，以"慎终追远"，追忆祖先的创业功绩，培育农村群众尊老、敬老、感恩、孝亲的意识。通过开展端午节民俗活动，缅怀屈原的爱国精神，增强农村群众的爱国情感。通过组织专家讲解农村婚丧嫁娶民俗的产生、演变以及当代正确的民俗观，杜绝落后的过时的婚丧嫁娶习俗，形成符合当今时代发展的新农村习俗。

培育和弘扬社会主义核心价值观，要贯穿于农村生活之中。"要利用各种时机和场合，形成有利于培育和弘扬社会主义核心价值观的生活情景和社会氛围，使核心价值观的影响像空气一样无所不在、无时不有。"[①]在我国落后农村公益文化建设中，要紧密结合基层党组织工作，立足于农村群众生产生活中留存的中华优秀传统文化，培育和弘扬社会主义核心价值观。通过对中华优秀传统文化的发掘和弘扬、教育和引导、看齐和养成，以及制度保障等，把社会主义核心价值观系统地融入农村群众的社会生活，使培育和践行社会主义核心价值观成为农村群众的自觉意识，形成推动国家发展的凝聚力和向心力。通过在农村评比"和谐家庭""好婆婆""好媳妇"等活动，激励农村群众向上、向善。通过邀请专家讲解农村发展的美好前景和存在的问题，以及如何教育小孩等，并"运用各类文化形式，生动具体地表现社会主义核心价值观，用高质量高水平的作品形象地告诉人们什么是真善美，什么是假恶丑，什么是值得肯定和赞扬的，什么是必须反对和否定的"[②]。引导农村群众践行社会主义核心价值观。

（三）坚定理想信念是农村公益文化建设的基础

习近平指出：理想指引人生方向，信念决定事业成败。没有理想信念，就会导致精神上缺"钙"。[③]在每个人的精神世界里，总有一种左右人的灵魂、激发人的斗志、指导人的行动的精神力量，这种精神力量越是正能量越能引导人沿着正确的方向前进，这种积极的正向的精神力量就是理想信念。理想信念一旦体现在生产劳动中就会产生巨大的能量。在农村现实生活中，一些党员、干部追求局部利益、个人利益，信奉金钱至上、名利至上、享乐至上，说到底

---

① ② 习近平在中共中央政治局第十三次集体学习时强调把培育和弘扬社会主义核心价值观作为凝魂聚气强基固本的基础工程［N］.人民日报，2014-02-26
③ 习近平谈从严治党：打铁还需自身硬［N］.人民日报，2014-10-12

是信仰迷茫、精神迷失。对农村党员干部来说，坚定理想信念，就是要坚定对马克思主义的信仰，坚定对社会主义和共产主义的信念，就是要坚定中国特色社会主义共同理想。对农村群众来说，坚定理想信念，就是要坚定"四个自信"，坚定"富强、民主、文明、和谐，自由、平等、公正、法治，爱国、敬业、诚信、友善"的社会主义核心价值观，崇尚道德、尊道德、守道德。在我国落后农村公益文化建设中，要引导广大群众把理想信念建立在对中国特色社会主义的"四个自信"、对中国共产党领导能力的信心、对乡村繁荣发展的信心和对美好幸福生活的向往和不懈追求上，激发同全国各族人民一道实现全面建成小康社会的决心。

（四）传承与创新中华优秀传统文化是农村公益文化建设的"根"

习近平指出："中国传统文化博大精深，学习和掌握其中的各种思想精华，对树立正确的世界观、人生观、价值观很有益处。古人所说的'先天下之忧而忧，后天下之乐而乐'的远大抱负，'位卑未敢忘忧国'、'苟利国家生死以，岂因祸福避趋之'的报国情怀，'富贵不能淫，贫贱不能移，威武不能屈'的浩然正气，'人生自古谁无死，留取丹心照汗青'、'鞠躬尽瘁，死而后已'的献身精神等，都体现了中华民族的优秀传统文化和民族精神，我们都应该继承和发扬。"①在我国落后农村公益文化建设中，通过认真汲取、挖掘当前农村仍然保留和传承的中华优秀传统文化的道德精髓，塑造适应当代农村群众遵循的道德准则。通过观看有关中华优秀传统文化题材的影视片和阅读相关文学作品，激发农村群众以爱国主义为核心的民族精神；通过比较和宣传现实改革发展中的巨大成就，弘扬以改革创新为核心的时代精神；通过老百姓身边传颂的好人，进一步让农村群众理解和践行中华优秀传统文化中仁爱、民本、诚信、正义理念。

（五）提升文化软实力是农村公益文化建设的重要目标

提升文化软实力是提高我国综合国力的重要组成部分。推进我国落后农村公益文化建设，既是满足农村群众精神文化需求的必然要求，也是促进国家

---

① 习近平在中共中央党校建校80周年庆祝大会暨2013年春季学期开学典礼上的讲话［N］.人民日报，2013-03-04

文化软实力提升的重要标志。习近平指出："提高国家文化软实力，关系'两个一百年'奋斗目标和中华民族伟大复兴中国梦的实现。要弘扬社会主义先进文化，深化文化体制改革，推动社会主义文化大发展大繁荣，增强全民族文化创造活力，推动文化事业全面繁荣、文化产业快速发展，不断丰富人民精神世界、增强人民精神力量，不断增强文化整体实力和竞争力，朝着建设社会主义文化强国的目标不断前进。"① 我国落后农村公益文化建设的最终目的，一是满足农村群众日益增长的思想道德文化需求，二是提高落后农村群众文化素养，三是增强我国人口的整体素质，提升国家文化软实力。在落后农村文化建设中，要不断完善农村公益文化设施、优化农村公益文化服务、健全和完善文化管理体制，体现社会主义制度的优越性；挖掘、整理和保护优秀传统文化遗产，体现中华优秀传统文化的价值；充分利用现有公共教育文化资源，培养较高素质的技能人才，体现社会主义制度的显著优势；等等。总之，通过农村公益文化设施建设，推动我国文化软实力的提升。

（六）做好文艺工作是农村公益文化建设的现实抓手

优秀的文艺作品是传承优秀文化、培育价值认同的重要载体。习近平在文艺工作座谈会讲话中指出："文艺是时代前进的号角，最能代表一个时代的风貌，最能引领一个时代的风气。"② 我国落后农村公益文化建设中，各级党委、政府要适时协调宣传文化部门，组织文艺界创作反映农村生活、农村群众喜闻乐见的优秀文艺作品，以"三下乡"的形式在农村巡回演出。随着农村经济社会的发展，农村群众对包括文艺作品在内的文化产品的质量、品位、风格等的要求也更高了。现实文化生活中最能直接打动人心的、感染力较强的、对人有启迪作用的还是优秀的文艺作品。因为优秀文艺作品都具有启迪心智、温润心灵等特点。在落后农村公益文化建设中，要大力倡导和支持民间文艺、群众文艺等的发展。人民是文艺创作的源头活水。民间文艺工作者和群众文艺工作者本身就生活在人民群众之中，他们在广大劳动群众中有较深厚的根基，对农村

---

① 习近平在中共中央政治局第十二次集体学习时强调建设社会主义文化强国着力提高国家文化软实力［N］.人民日报，2014-01-01
② 习近平在文艺工作座谈会上讲话［N］.人民日报，2015-10-15

群众的爱好、情趣比较了解。同时，农村群众生产劳动和生活中的感情、思想和意志很容易唤起民间艺术家的灵感。因此，民间文艺、群众文艺工作者要扎根于基层和最广大的劳动群众"土壤"，"努力创作生产更多传播当代中国价值观念、体现中华文化精神、反映中国人审美追求，思想性、艺术性、观赏性有机统一的优秀作品"①，引导农村群众"树立和坚持正确的历史观、民族观、国家观、文化观，增强做中国人的底气和骨气"②。

（七）体制改革是农村公益文化建设的动力

在文化体制改革中促进文化繁荣发展。习近平指出，要通过"深化文化体制改革，推动社会主义文化大发展大繁荣，增强全民族文化创造活力，让一切文化创造源泉充分涌流"③。党的十八届三中全会《决定》指出："按照政企分开、政事分开原则，推动政府部门由办文化向管文化转变，推动党政部门与其所属的文化企事业单位进一步理顺关系。建立党委和政府监管国有文化资产的管理机构，实行管人管事管资产管导向相统一。健全坚持正确舆论导向的体制机制。健全基础管理、内容管理、行业管理以及网络违法犯罪防范和打击等工作联动机制，健全网络突发事件处置机制，形成正面引导和依法管理相结合的网络舆论工作格局。"④我国落后农村公益文化建设，要在深化文化体制改革中，健全农村公益文化管理，强化农村公益文化服务，激发农村群众的文化创造活力；要注重构建落后农村公益文化服务的协调机制，促进农村公益文化服务标准化、均等化。要通过构建良好的农村公益文化体制机制，推进落后农村公益文化设施建设与服务，推动落后农村公益文化事业的发展和繁荣，有效实施文化惠民工程。

---

①② 习近平在文艺工作座谈会上讲话［N］.人民日报，2015-10-15
③ 深入学习《习近平关于全面深化改革论述摘编》［N］.人民日报，2014-06-03
④ 中共中央关于全面深化改革若干重大问题的决定［N］.人民日报，2013-11-16

第五章
我国落后农村公益文化设施
建设与服务的基本历史脉络

　　中国共产党自成立以来，一直重视农村文化建设。无论是在革命时期，还是在社会主义建设和改革发展时期，一直坚持不懈地推动农村文化建设，农村公益文化设施建设与服务取得了很大的成就。"新中国成立后，文化经济政治建设更被摆到了重要位置"①。在计划经济时期，我国虽然在农村设有乡镇（人民公社）文化站，但总体上看，农村公益文化设施建设与服务的供给还是不能完全满足农村群众基本文化需求。改革开放后，随着改革发展的推进，我国农村公益文化设施建设取得了较大的成绩,农村公益文化服务体系不断完善。但由于多种原因，总体上看，农村公益文化设施建设相对滞后。一方面，相对于经济的飞速发展，我国的文化发展不适应经济发展的要求。另一方面，落后

---

① 王富军．农村公共文化服务体系建设研究［D］．福建师范大学，2012

农村公益文化建设的步伐又滞后于其他地区。另外，我国落后农村公益文化设施建设与服务不能适应脱贫富民、乡村全面振兴和发展的需要。总结和梳理我国各个时期农村公益文化设施建设的成就和教训，对于推进当前落后农村公益文化设施建设与服务具有一定现实价值。

第一节　新中国成立后至改革开放前我国落后农村公益文化设施建设与服务

改革开放前，农村公益文化建设是文化建设的重要组成部分，是农村文化发展的全部内容。在计划经济体制下，文化建设都由政府财政投资完成，文化发展都属于公益文化发展。农村文化建设自然属于公益文化建设。农村文化设施建设的所有经费都由政府财政承担，乡镇综合文化站等工作人员的工资以及其他文化事业经费都由政府财政拨款，农村群众全部免费享有农村文化设施与服务。总体上说，新中国建立之初至改革开放前的这一时期，农村文化体制为当时的农村文化建设与发展创造了无比优越的条件，农村文化建设取得了巨大的成就，体现了农村文化建设为社会主义经济、政治服务，为普及文化艺术、丰富群众精神文化生活服务，在一定程度上满足了人民群众的精神文化需求。当然，文化建设受国家政治影响较大，受人为因素影响较强，没有法律制度保障。另外，"随着经济社会的发展，这种农村文化建设的弊端也慢慢地显现出来。随着改革开放的推进，这种文化体制到了不得不改的地步。"① 因此，在梳理新中国成立后前30年农村文化建设取得的伟大成就，以及农村文化建设对于农村经济社会发展发挥引领和推动作用的同时，也要看到这一时期我国农村文化建设需要反思的方面。

一、新中国成立初期我国农村公益文化设施建设与服务

新中国建立后，毛泽东等中央领导对于农村文化建设提出了新理念新思想，这对于培养农村大量文化人才，推行农村文化教育，积极组织农村群众开

---

① 王富军. 农村公共文化服务体系建设研究 [D]. 福建师范大学，2012

展各种文化活动，提高农村群众的精神文化生活水平和综合文化素质具有重要的指导作用。

（一）农村公益文化建设的兴起

新中国建立后，党和国家十分重视农村公益文化建设，在广大农村地区进行了大量的文化活动，极大地调动了广大农村群众参与社会主义农村文化建设的积极性。在农村建立文化工作站，工作站人员享受国家财政发的工资，开展各类文化宣传活动和扫盲教育活动，为社会主义经济建设凝神聚气，发挥了应有的作用。当然，由于国家财力等方面因素的制约，我国农村基层政府（人民公社）承担着农村公益文化设施建设的任务。在"政社合一"和高度计划经济体制下，人民公社占有生产资料。因此，人民公社是农村文化的组织者和执行者，统一组织和安排农村公益文化设施建设与服务。基层政府（人民公社）按照上级政府（主要是中央政府）对农村公益文化设施建设的规模、数量等要求，负责组织落实农村公益文化建设的具体任务。农村公益文化设施建设与服务"所需资金通过制度外渠道筹集，即国家基本不投入，由人民公社以集体提取公益金、管理费和动员社员投工、投劳供给文化产品，公社（集体）给农民计工分，以增加工分总量，稀释社员'工分'值的方式获得。公益金是农业税后对社员收入的一个扣除，工分总量增加导致单位工分值的降低，更是直接对社员应得报酬的扣除"[1]。

新中国成立初期，由于过去长期战争的原因，我国经济近乎崩溃，各行各业百废待兴。在中国共产党的正确领导下，各族人民迅速投入新中国的建设之中。在文化建设方面，有步骤地改革旧有的文化教育事业，为普通工农大众接受教育文化创造条件。1949年底，我国召开了第一次全国教育工作会议。之后，中国共产党提出："兴办多种多样的工农速成中学、工农干部文化补习学校（班）……"[2] "必须提倡文化下乡，电影上山，普及社会教育……以培养工农出身的知识分子及各种专门人才。为此，应以省为单位适当调剂教育经费与教员。"[3] 这一时期，国家鼓励知识分子为人民群众的文化事业服务，迅

① 张天学，阙培佩.我国现行农村公共文化产品供给的制度困境与对策[J].理论月刊，2011（5）
② 中共中央党史研究室.中国共产党历史（第二卷）（1949—1978）上册[M].北京：中共党史出版社，2011：151
③ 周恩来选集（下卷）[M].北京：人民出版社，1984：79

速恢复和发展了农村文化事业。全国各地农村兴办了多种文化补习学校，开展了形式多样的文化学习活动，推动了广大农村文化事业的快速发展。

（二）农村公益文化建设的成就

新中国成立初期，我国农村文化建设着眼于解决农村群众文盲率高、文化程度低的问题。通过推进农村文化建设，在全国农村普遍开展扫盲运动和各种形式的文化活动。根据农村群众的生产劳动规律，组织农村群众参加夜校等各种形式的文化学习。当时，为了迅速扫除数千万农村文盲，提高农村群众识字率，在全国推广祁建华编的《速成识字法》。毛泽东等中央领导人对此给予高度评价，称祁建华为"名副其实的识字专家""当代仓颉""中国第二大圣人"。另外，在农闲时节，各地农村组织开展各种文化活动，以提高农村群众的政治文化素质。"1950年全国农民上冬学的达2500万人以上，1951年上常年夜校的农民有1100余万人。""初步兴起的农村文化热潮，这对农村经济发展和农村社会进步起到了重要作用。"[①]

这一时期，我国公益文化事业迅速发展，公益文化场馆和文艺表演团体数量大增（见表5-1），农村公益文化设施建设与服务能力有了一定程度的提高，农村群众的精神文化生活得到了一定的满足。农村群众在党的社会主义文化政策引领下，通过各级文化部门的组织以及共青团和妇联的协助，组建了形式多样的文化艺术表演团队，开展不同类型的文化艺术活动，宣传社会主义思想，传颂社会主义建设的先进工作者和道德模范，丰富了文化生活。

表5-1　1949年、1952年全国文化艺术表演团体和文化事业单位数量对比

年　份	电影放映单位（个）	艺术表演团体（个）	文化馆（座）	公共图书馆（座）	博物馆（座）
1949	646	1000	896	55	21
1952	2285	2084	2430	83	35

根据徐达深主编：《中华人民共和国实录（第二卷）》，吉林人民出版社，1994年，第289页数据整理。

---

① 中共中央党史研究室.中国共产党历史（第二卷）（1949—1978）上册［M］.北京：中共党史出版社，2011：101

（三）农村公益文化建设的管理机制

新中国成立初期，在农村基层政府成立文化教育管理部门和党的宣传组织部门，管理农村基层的文化教育工作。毛泽东在中国人民政治协商会议第一届全体会议上指出，"中央人民政府将领导全国人民克服一切困难，进行大规模的经济建设和文化建设，扫除旧中国留下来的贫困与愚昧，逐步改善人民的物质生活和提高人民的文化生活。"[①] 在我们党对农村文化建设思想指导下，农村文化管理部门以及青年团、妇联等积极推进农村的文化教育工作，充分调动农村文化人才的积极性，发动青年学生和知识分子参与农村文化教育运动，坚持把文化活动与思想教育相结合、扫盲过程与生产劳动技术教育相结合，开展多种形式的适应农村群众需要的文化教育活动。在农村开展科普工作和医疗卫生工作，全面提高农村群众的科普知识水平，提高农村的医疗卫生水平，推进农村公益文化事业发展。

二、过渡时期至"文化大革命"时期的农村公益文化建设与服务

1953—1956 年的社会主义改造完成后，我国实现了由新民主主义时期到社会主义社会的过渡。在此基础上，农村公益文化事业继续向前推进。

（一）农村公益文化设施建设与服务

随着社会主义改造的完成，党领导我国人民加快社会主义经济、政治、文化等领域的建设。在文化建设上，我们党提出"百花齐放、百家争鸣"的"双百方针"。1956 年，党的第八次全国代表大会强调"文化教育事业在社会主义建设中具有重要地位"。1956—1966 年，我国农村文化建设取得了巨大的成就。

在扫盲工作和文化艺术事业普及方面进展明显。这一时期，人民公社是农村公益文化建设的组织和管理部门。《关于人民公社若干问题的决议》要求："公社要在成年人中认真开展扫盲工作，举办业余学校，对社员进行政治、文化和科学技术教育，实行普及教育，提高教育水平。同时，公社要逐渐改造并建设俱乐部、电影院等公益文化娱乐设施。"[②] 伴随着国家《汉字简化方案》

---

① 邱延生.历史的回眸：毛泽东与中国经济 [M].北京：新华出版社，2010：66
② 沈雁冰.新中国社会主义文化艺术的辉煌成就.载.辉煌的十年 [M].北京：人民日报出版社，1960：458

和《汉语拼音方案》的推行，农村的扫盲工作和文化艺术事业的普及也不断加快。另外，在农村也建立了宣传教育机构，加强对农村群众进行社会主义思想教育与宣传，农村的各种文化教育活动迅速增加。

在农村公益文化设施建设与电影放映方面得到了很快的发展。新中国成立后，我国农村公益文化事业发展迅速，"文化馆、文化站、俱乐部、图书馆、电影放映队已经遍布全国的城乡和工矿区，形成了广泛的社会主义文化网。报刊、出版社、剧团、剧场、电影院，都有很大的发展。"[①]我国的部分县逐渐开始建文化馆，20世纪70年代后，全国乡镇开始有了文化站。"从1958年开始，农村出现了由人民公社主办的电影放映队，农村放映网得到极大的扩展，到'文化大革命'前夕，全国放映单位总数达20363个，其中，农村放映队9853个，占总数的48.30%，可见农村与城市电影不相上下，几乎平分秋色。"[②]这些农村电影放映队，为丰富农村群众的文化生活作出了巨大贡献。

农村群众文化生活得到了极大的丰富。这一时期，国家倡导文化艺术必须与群众生活、与生产密切结合。一方面，随着文化艺术的发展，在广大农村成立了业余剧团、创作小组等业余文化组织，及时为农村群众演出文艺节目等，丰富农村群众的文化生活。另一方面，各级政府动员和组织了专业文艺团队及大批文化艺术工作者深入农村演出，大力推动农村公益文化事业的发展，极大地满足了农村群众对文化生活的需求，提高了农村群众的文化素质。

（二）农村公益文化发展的保障

农村公益文化事业发展所需要的物力、财力和人力，都由农业合作社和人民公社提供保障。在合作化时期，农村群众文化事业所需要的人员被选出后，通过记工分的形式保障其经济利益，然后可以直接派出；所需要的物质资源是由合作社和县、乡政府统一解决。在人民公社时期，农村公益文化活动的资金基本上是通过集体组织提供，从事农村公益文化活动的人员基本上是由公社或村统一安排，当时主要通过记工分的形式获取报酬。另外，还有一些从事农村

① 余纪. 区县电影市场田野调查［M］. 北京：中国传媒大学出版社，2009：50
② 朱钢，贾康等. 中国农村财政理论与实践［M］. 太原：山西经济出版社，2006：274~275

公益文化活动的人员是义务的，不计报酬。"大跃进"时期，文化建设也出现"大跃进"，导致专门从事精神文化生产与服务的人员过多，脱离了物质生产的实际水平。

（三）农村公益文化建设中存在的问题

农村群众文化事业发展存在保守和冒进的问题。1956年，周恩来批评指出，农村文化建设中存在着保守和冒进现象，要求农村公益文化建设，坚持走群众路线的工作方法，充分依靠人民群众的力量发展农村公益文化事业。要坚持群众自愿的原则，倡导农村群众参与农村公益文化建设，支持和引导农村群众自愿举办文化活动，比如办民校、识字班、业余剧团等。发展农村公益文化事业要积极稳妥，不能有包办、代替、强迫命令等现象。

农村群众文化事业发展存在脱离实际的问题。由于文化"大跃进"的影响，当时农村文化发展既存在着保守或者冒进的问题，还存在着脱离实际的问题。在实践过程中，"不适当地强调了文化的作用和重要性，在一定程度上有不让路，妨碍生产，'为文化而文化'的问题；对群众文化提出过高过急的要求，违反群众自愿和群众需要的原则……重普及，忽视提高；重数量，忽视质量；以及劳逸安排不当；等等。"[1]农村群众文化事业脱离了群众的实际需要，脱离了客观实际。针对农村文化建设受主观影响较重，存在过于专业化的现象，周恩来指出："……脱离物质生产专搞精神生产的人不能太多。至于业余的，群众自己办，又不影响生产和工作，应该允许办。我们普及文化，主要还是靠业余活动来实现。"[2]由此可见，在当时条件下，普及农村群众文化艺术主要依靠业余活动，否则，就会脱离实际，违背农村文化发展规律。

农村公益文化事业过于"突出政治"。由于受到极左思潮的影响，农村文化建设中"突出政治"，农村文化工作者忽视甚至不搞业务，"人人都谨小慎微，就连文艺表演报幕时独唱和伴奏者的名字都不敢报，谁也不敢创新，一切为政治服务。"[3]这种情况导致农村文化艺术活动的内容与形式单一化。

---

① 夏杏珍.六十年国事纪要·文化卷［M］.长沙：湖南人民出版社，2009：108
② 周恩来选集（下卷）［M］.北京：人民出版社，1984：331
③ 庞松.毛泽东时代的中国（三）［M］.北京：中共党史出版社，2003：303

三、"文化大革命"时期农村公益文化设施建设与服务

"文化大革命"时期,因为是"文化"革命,所以,凡是文化活动都要借着"文化"革命的旗帜。当时我国农村虽然没有专门的文化机构,但是在这种大背景下,各地都建立起了业余剧团或文艺宣传队、文化室,并且开展农村文化活动有待遇,农村文化活动经费有来源。在农村开展文艺活动、宣传演唱活动的经费开支,都可以通过村一级的公益金项目予以报销。虽然当时一切文化活动形式都从属于"阶级斗争"的需要,谈不上完全是为广大人民群众提供公益文化服务,但是整个农村的文化活动还相对活跃,这种情况一直延续到改革开放后实行土地联产承包责任制。

我国公益文化设施建设与服务受到一定的影响。"文化大革命"时期,公益文化事业受到一定的影响,文化机构数量减少。"文化大革命"初期,由于我国大批知识分子受到错误的批斗,文化工作者受到不公正待遇,公益文化事业(包括农村公益文化)受到较大的破坏,公益文化机构和组织大幅度减少。以宁夏六盘山区为例,基本情况如表5-2。

表5-2　宁夏六盘山区1965—1978年公益文化事业和文化机构数量变动情况

项　目 年　份	艺术表演团体 (个)	公共图书馆 (座)	博物馆 (座)	艺术馆 (座)	文化馆 (座)	文化站 (个)
1965	115	12	13	8	73	40
1970	66	10	6	1	55	34
1975	77	14	10	—	—	—
1978	101	23	13	6	76	35

注:根据宁夏统计局、国家统计局宁夏调查总队编:《宁夏统计年鉴2010》,北京:中国统计出版社,2010年,第479~480页数据整理。

从表5-2可以看出,宁夏六盘山区的文化艺术表演团体在1965—1970年出现严重倒退,由115个减少至66个,几乎减少二分之一,博物馆也由13座减少到6座。到1975年时,艺术馆由原来的8座减至0座,文化馆由原来的73座减至零座,基层文化站由原来的40个减至零个,达到了历史最低点。博

物馆事业发展影响也较大，有的博物馆被封存，有的博物馆遭到破坏，部分博物馆被迫关门。

农村公益文化活动和服务仍然能正常开展。国家文化机构整体上的减少和文化事业一定程度的破坏，客观上影响了农村公益文化活动的发展。但没有影响农村公益文化活动和服务的正常开展。资料显示，"文化大革命"期间，农村公益文化活动和文化服务仍然能正常开展，以前在农村开展的夜校识字活动和文化教育普及工作继续进行，只是夜校和识字班的教育主要是学习毛泽东思想，教唱革命歌曲。当时，农村的有线广播开始普及，但广播的内容全部为政治服务，表演艺术节目也主要是服务于当时的政治需要，黑板报等也是用来做政治宣传的。这一时期还有值得思考的一种现象是，活跃在农村的电影放映单位不但没有减少，而且还保持了不断增长的势头。其中，"1970年到1975年增长一倍多，到'文化大革命'结束的1976年达到86088个"①，由于这些放映单位大多数活跃在农村，这一时期农村群众的文化生活相对比较活跃，也使广大农村群众在文化活动中受益。

表5-3 "文化大革命"前后全国电影放映单位数量

年　份	1965	1970	1975	1976	1977
单位数（个）	20363	26569	59661	86088	102214

根据徐达深主编：《中华人民共和国实录（第五卷）》，吉林人民出版社，1994年，第289页数据整理。

农村公益文化活动和文化服务质量出现倒退。"文化大革命"期间，尽管农村各种文化组织和文化机构能够存留下来并正常开展工作，但由于受到"运动"的影响，从事文化活动的工作人员主要围绕政治服务的需要开展文化活动，因此，文化艺术创作和作品比较单一，农村文化发展质量出现倒退。"根据1982年统计，全国大陆有文盲和半文盲2.3亿人，其中大部分是这一时期新增加的。从这一点看，整个运动期间文化事业发展的损失更多更大。其间，在一些极左口号影响下，助长发展了文化虚无主义，使民族传统文化遗产和名

---

① 徐达深.中华人民共和国实录（第五卷）[M].长春：吉林人民出版社，1994：289

胜古迹遭到严重破坏，其中北京红卫兵砸毁曲阜三孔就是典型例子。"[1]后来农村公益文化活动和文化服务得到恢复与发展。1969年4月，中国共产党第九次全国代表大会召开之后，我国经济文化建设开始缓慢恢复。1970年以后，文化事业逐渐得到恢复和发展。如，文化艺术表演团体在农村表演的数量，公共图书馆、博物馆的数量都有一定恢复。这一时期，"上山下乡"的知识青年为农村公益文化建设提供了宝贵的人才支持。知识青年中的多数人在农村文化艺术教育、文化业余人才培养、文化艺术活动等方面作出了积极贡献。知识青年对于农村公益文化建设的贡献主要表现在以下几个方面：一是协助或直接帮助建设农村公益文化事业；二是帮助恢复农村的夜校；三是指导培训了一批农村文化艺术爱好者，农村公益文化活动的"种子"得到播种、生根和发芽，一些农村也由此建立了业余文化艺术表演队。

"文化大革命"结束后，我国农村公益文化事业得到恢复和发展。如，农村有线广播迅速发展。农村公益文化事业的发展，为党在农村的宣传教育发挥了重要作用。同时，在共青团和妇联的组织下，我国农村文化活动重新活跃起来。在共青团的组织下，许多农村青年都自编自演文艺节目，每年为村民进行文艺演出活动；在农村继续组织识字班，在农民中推行文化普及教育、教授唱歌、画画等。

四、农村公益文化设施建设的经验教训

（一）经验

1.充分运用社会有利条件

这一时期，各地农村借助计划经济条件下人财物配置方面的优势，在农村共青团的组织和妇联的协助管理下，建立起了完善的农村公益文化组织管理体系。各地农村文艺演出频繁，农村群众文化娱乐活动丰富。一方面，专业文化艺术团体到农村演出的数量较多，另一方面，农村业余文化艺术活动开展得较多，推动了农村公益文化事业的发展，特别是农村群众的文化娱乐生活得到了丰富和发展。在文化部门的倡导下，各地农村共青团和妇联组织指导、培训

---

① 席宣，金春明．"文化大革命"简史［M］．北京：中共党史出版社，1996：352

了大量的业余文化工作者。比如，一些农村青年在共青团的帮助下编排文艺表演节目，一些农村女青年在妇联的帮助下扭秧歌。应该说，当时培养的一些业余文化工作者，对农村文化艺术的普及与发展发挥着重要的作用，并延续到改革开放后。这一时期农村文化建设的经验表明，农村公益文化服务的重点应该放在大量组织业余文化活动的开展上，专业化的公益文化服务对农村文化发展主要起到带动作用。

2. 满足农村群众需求

这一时期，农村群众文化活动，在内容和形式上紧紧围绕农村群众的需要进行选择。在内容上以农村题材为主，充分显示文化的大众化和乡土特征。在形式上以农村群众自创形式为主，具有很大灵活性，这些为当前很多农村公益文化服务提供了一定的经验。借鉴这一时期农村公益文化服务的经验，新时代农村公益文化建设，要在保护农村文化生态的前提下形成以乡村文化为基础的文化产品与服务。不过，在当时条件下，农村文化活动的开展具有一定的组织优势，如大队、生产队负责人可以直接指派有文艺特长的人参加农村文化娱乐活动，公社文教部门和宣传部门也可以从其他一些组织单位抽调人员协助农村开展文化娱乐活动，农村文化活动需要的资金可以由政府拨付，也可以由村集体投入，从一定意义上说要人有人，要资金有资金。当时，几乎每个村庄都有夜校、识字班、业余表演队等，每个大队都有青年团或专人负责组织管理。这些做法值得当前我国落后农村公益文化建设者借鉴，农村文化活动如何紧贴农村现实，特别是如何围绕精准扶贫精准脱贫以及实施乡村振兴战略推进公益文化建设，值得我们研究与思考。

3. 突出文化活动的主题

这一时期，农村公益文化服务活动，从文化艺术创作的内容与形式到公益文化活动内容与形式，一是围绕宣传党的社会主义思想建设、社会主义建设、党对各个方面的领导作用等展开的；二是针对农村群众中存在的思想文化问题和偷盗、赌博等现象展开的。因此，农村公益文化活动中创作生产的文化产品形式多样。既注意引导解决农民群众自身的思想文化问题，又充分体现宣传党的农村政策等。这一时期的农村公益文化服务取得的成就和成功经验，对于当前我国落后农村公益设施建设与服务具有借鉴意义。比如，在落后农村公益文化建设中，如何培育和践行社会主义核心价值观，如何加强社会主义先进文化建设，如何加强农村群众的思想道德建设，如何结合农村文化建设解决农村落后的风俗习惯问题等。当然，在如何推动农村群众参与文化活动方面，如何提高农村群众文化生产与自我服务能力方面，如何提高农村群众的文化自觉和文化自信方面，都有值得借鉴和思考的空间。

（二）教训

1.农村公益文化设施建设与服务，必须遵循文化发展的客观规律

农村公益文化建设要遵循文化发展规律，不能凭个人主观愿望，夸大个人主观能力，离开实际条件盲目提高速度。"大跃进"时期，"不少地方提出人人能读书，人人能写会算，人人看电影，人人能唱歌，人人能绘画，人人能舞蹈，人人能表演，人人能创作的要求"①，难免会出现"一刀切"现象，不符合人的差异化事实，在现实中是不可能实现的。"文化大革命"时期，过分夸大了文化艺术的政治功能，使农村公益文化生活过于严肃、呆板，内容与形式过于单一，严重地影响了农村公益文化建设。

2.农村公益文化建设，必须从人治走向法治

改革开放前，我国农村公益文化建设主要采取的是传统文化管理体制。由于历史的原因，传统的文化事业管理体制带有明显的人治色彩，主要表现在：一是农村文化建设在社会发展中的地位和作用波动性较大；二是农村娱乐活动的参与者及活动经费要靠行政命令来保证；三是农村公益文化建设的成绩大小主要取决于领导重视程度，而这又取决于领导个人专业知识背景和偏好，以及当时的政治环境；四是农村公益文化活动中财政资金投入的多少要取决于管理者努力争取的程度和领导可利用资源的多少；五是农村公益文化设施建设与服务缺乏统一的标准。与人治相对的是法治，法治背景下的农村公益文化建设有相应的法律制度保障，农村公益文化设施建设与服务的标准和经费支持等具有相对稳定性。

---

① 中共中央党史研究室.中国共产党历史（第二卷）(1949—1978)下册[M].北京：中共党史出版社，2011：485

3.农村公益文化建设，政府不能完全包揽

改革开放前，政府是农村公益文化设施建设与服务的单一投入主体，也是建设主体，农村公益文化建设的资金投入以政府计划划拨为投入形式。应该说,这种模式对于推进农村公益文化设施建设与服务发展发挥了决定性的作用。当然，农村公益文化设施建设与服务，一切都由政府包办，集中人力物力等各方面的管理，农村群众在农村公益文化建设中自主权就发挥得不够，使文化产品和服务内容、形式单一，文化产品和文化服务的生产与提供都不能完全满足群众的需要。同时，这种体制下，文化事业单位容易养成官僚主义作风和吃大锅饭的弊端,农村群众对文化产品生产的积极性和创造性不能完全被调动起来。在社会主义市场经济条件下，政府依然是农村公益文化设施建设与服务的直接的主要的承担主体，农村公益文化建设与服务所需资金，主要靠政府公共财政投入来保证。同时，政府也要调动社会各方面的积极性，鼓励社会资金参与公益事业。在公益文化产品生产供给上要充分利用社会力量，在决策上要充分发扬民主，发挥群众的智慧和力量。

（三）对当今农村公益文化建设的启示

1.重塑农村公益文化建设的培训和指导方面的组织

20世纪80年代中期以前，共青团与妇联在农村公益文化活动的开展与普及中发挥了关键性作用。当前，大多数农村已经没有共青团组织和活动，妇联也未能有效发挥组织农村妇女活动的作用。一定程度上说，这两个组织在农村的作用非常有限。另外，大部分农村的社会组织还没有得到培育和发展，因此，农村公益文化活动缺乏必要的组织部门担当培训和指导任务，这是值得我们思考的问题。从这个意义上说，当前，要在农村重塑共青团与妇联组织，使共青团与妇联在农村公益文化活动中发挥应有的作用，还要大力培育社会组织，让社会组织来负责农村公益文化服务活动的开展，或者是通过政策引导，由上级文化艺术部门负责农村公益文化活动。当然，还有如何建立相应的机制，保障相关部门指导农村公益文化活动的开展。这些都需要认真研究。

2.培养农村公益文化服务人才

改革开放前，在农村公益文化建设中培养了无数文化艺术人才，这些人

不但有专业技能，而且道德品质过硬，不但在当时发挥了极为重要的作用，而且直到现在还在各个地方发挥着重要作用，有时甚至是关键性作用。[①] 那个时期，农村文化艺术人才的培养思路与方法有哪些是我们今天值得学习与借鉴的？有哪些是需要丰富和创新？这些都有待于深入研究。

3. 壮大农村集体经济收入

当前，我国大部分落后农村集体经济收入微乎其微，甚至没有村集体收入。在这种情况下，农村公益文化设施建设与服务所需要的资金除了政府公共财政拨付外，还有什么路径解决农村公益文化建设的资金问题？这是我们应该认真研究的课题。

第二节　改革开放以来我国落后农村公益文化设施建设与服务的实践探索

改革开放以来，我国经历了社会主义计划经济向社会主义市场经济、传统社会向现代社会的转变。文化属于思想上层建筑，经济基础的变化必然要求文化政策作出调整。进入新世纪以来，党中央、国务院更加重视文化建设，相继提出文化事业与文化产业、文化体制改革、文化服务体系建设、文化软实力、文化强国建设等理论与措施。落后农村公益文化设施建设与服务要适应现代化建设的新要求。以新时代推进精准扶贫、精准脱贫，以及实施乡村振兴战略为契机，加强落后农村公益文化设施建设与服务工作，争取与全国其他地区一道全面建成小康社会。

一、改革开放初期对文化事业改革的探索

改革开放初期，由于经济发展不足，国家财政投入到文化事业发展方面的经费明显不足。随着我国经济体制改革推进，文化事业改革也开始进入探索过程中。1983 年，中宣部等四部门发布了《关于加强城市、厂矿群众文化工作的几点意见》提出："允许部分群众文化活动可以适当收取费用，但收取的

---

① 薛毅. 乡土中国与文化研究［M］. 上海：上海书店出版社，2008

费用必须用来补助事业单位经费不足部分。"① 针对文化事业改革中新出现的一些问题，1987年，国家又发布了《文化事业单位开展有偿服务和经营活动的暂行办法》，规定了文化事业单位有偿服务和经营性文化活动项目的收入使用与管理办法等。实践中，部分文化事业单位也在探索企业化管理的改革之路。1986年，国家《关于加强事业单位编制管理的几项规定》明确提出，鼓励部分事业单位进行企业化管理，在经济上逐渐达到完全自我供给；同年，党的十二届六中全会通过的《中共中央关于社会主义精神文明建设指导方针的决议》中指出："国家要从政策上、资金上保证这些事业的发展，并且鼓励社会各个方面力量支持这些事业。各地都要制定文化事业发展的具体规划，并像完成经济建设一样，确保完成文化建设任务。"② 由此可见，中央明确了社会资本可以参与文化事业建设。

二、改革开放过程中的农村公益文化设施建设与服务

改革开放过程中，中央提出了加强公益文化事业建设的具体要求。1996年，党的十四届六中全会通过的《中共中央关于加强社会主义精神文明建设若干重要问题的决议》明确提出："要把有限的资金更多地用于重要的宣传文化单位和直接为群众服务的文化设施建设上。"同时，"县、乡应主要建设综合性的文化馆、文化站。"强调我国政府财政经费重点保证公益性文化事业，并积极探索公益性文化事业建设的途径。

在我国改革开放的过程中，农村公益文化服务建设也在探索中发展。同时也存在一些问题：一是对农村公益文化设施建设与服务的认识不够。实践中，农村公益文化设施建设与服务并没有被作为一个系统提出来，因此，农村公益文化设施建设与服务需要不断完善。二是农村公益文化设施建设与服务的体制机制不顺。农村公益文化设施建设与管理中存在着较为严重的条块分割和重复建设。三是有些农村公益文化服务能力欠缺，忽视实际效果，导致部分农村群众真正受惠不多。

---

① 中共中央批转中央宣传部等四部门《关于加强城市、厂矿群众文化工作的几点意见》的通知，1983-09-10
② 中共党史文献选编——社会主义革命和建设时期［M］. 北京：中共中央党校出版社，1992：698

三、改革发展中推进农村公益文化建设

改革发展中，推进农村公益文化建设要以实现和保障人民群众基本文化权益、满足基本文化需求为目的。2011 年，党的十七届六中全会《决定》提出："要以公共财政为支撑，以公益性文化单位为骨干，以全体人民为服务对象，以保障人民群众看电视、听广播、读书看报、进行公共文化鉴赏、参与公共文化活动等基本文化权益为主要内容，完善覆盖城乡、结构合理、功能健全、实用高效的公共文化服务体系。把主要公共文化产品和服务项目、公益性文化活动纳入公共财政经常性支出预算。""要以农村和中西部地区为重点，加强县级文化馆和图书馆、乡镇综合文化站、村文化室建设，深入实施广播电视村村通、文化信息资源共享、农村电影放映、农家书屋等文化惠民工程，扩大覆盖、消除盲点、提高标准、完善服务、改进管理。加大对革命老区、民族地区、边疆地区、贫困地区文化服务网络建设支持和帮扶力度。深入开展全民阅读、全民健身活动，推动文化科技卫生'三下乡'、科教文体法律卫生'四进社区'、'送欢乐下基层'等活动经常化。引导企业、社区积极开展面向农民工的公益性文化活动，尽快把农民工纳入城市公共文化服务体系。"[1] 由此可见，党和政府对农村公益文化建设的规划和目标，以及推动我国农村公益文化建设提出了具体的举措。

第三节　改革开放以来我国落后农村公益文化设施建设与服务的成就及经验教训

改革开放前 20 年，特别是随着文化体制改革的推进，各级政府在文化建设方面的财政投入逐渐减少，特别是在这一时期的起始阶段，由于各个地方对于公益文化建设的投入不足，甚至有些地方对于农村公益文化建设的投入近乎于零，有些农村原来建起来的一些公益文化设施也逐渐消失。比如有些村子里的图书室渐渐不存在了。2000 年以来，我国公益文化事业建设在深化改革中

---

[1]《中共中央关于深化文化体制改革推动社会主义文化大发展大繁荣若干重大问题的决定》辅导读本［M］.北京：人民出版社，2011

又获得了较大发展。

一、改革开放以来农村公益文化建设与服务的进展

改革开放前 20 年，农村公益文化建设投入相对不足，农村公益文化事业一直处于缓慢、起伏不定的发展中。进入 21 世纪，随着我国经济社会的发展，党和政府把文化建设作为社会文明进步的重要标志，相继出台了一系列加强文化强国建设措施，及时提出文化体制改革的任务，取得了阶段性改革成果。农村公益文化建设也得到持续快速发展，特别是落后农村公益文化建设取得了巨大的成就。

（一）改革开放初至 20 世纪末农村公益文化设施建设与服务

改革开放初至 20 世纪末，我国农村公益文化发展经历了一起一落的过程。1982 年 11 月 30 日，第五届全国人民代表大会第五次全体会议提出，"六五"（1981—1985）期间，要"基本上做到市市有博物馆，县县有图书馆和文化馆，乡乡有文化站"[①]。1984 年 3 月 28 日，《国务院办公厅转发文化部关于当前农村文化站问题的请示的通知》指出："明确文化站的专职人员的编制，注意改善他们的待遇。为了完成文化站所承担的任务，应当逐步做到每站配专职人员一人，由文化事业经费供给。他们的工资、福利等与文化馆干部同等对待。文化站的事业编制由地方解决。""地方财政对文化站的经费补助，随着经济的发展，根据地方财力的情况，也应逐步增加"[②]。

20 世纪 80 年代到 90 年代，是我国农村文化发展的飞跃时期。在家庭联产承包责任制的普遍推行下，原来的人民公社逐渐由乡镇政府取代，原来由人民公社集中提供农村公益文化设施与服务的制度安排，转变为由政府为主、社会和民间等多方参与。但从总的情况来看，实践中企业、私人不愿也无力承担覆盖面广、投资大、效益较慢的农村公益文化设施建设与服务。因此，农村公益文化基础设施建设与服务的主体仍然是政府。在各级政府的重视下，"这个时期，全国大多数地方，不仅建立起了文化站，而且通过组织人事部门的

① 杨丽.我国农村公共文化服务问题研究［D］.郑州大学，2008
② 国务院办公厅转发文化部关于当前农村文化站问题的请示的通知［EB/OL］.http://www.chinalawedu.com/falvfagui/fg22598/12494.shtml，1984-03-28

严格考核，逐渐解决了农村基层文化站一站一编，使基层文化人的工资经费得到了保证。也正是在这个时期，涌现出了一大批全国先进文化单位与个人，农村基层文化阵地设施建设开始起步。"①

20世纪90年代初，在物质文明与精神文明"两手抓，两手都要硬"的指导下，各地注重加强精神文明建设，弘扬社会主义文化主旋律。与此相适应，1991年，中宣部组织开展了"五个一"工程，即："力争每年推出一本好书、一台好戏、一部优秀电影、一部优秀电视剧（电视片）、一篇或几篇有创见有说服力的文章。"② 但在现实生活中，人民群众的基本精神文化生活明显得不到保障。如，在农村放映电影和文化艺术团队表演的次数明显下降，农村文化站等逐渐消失，对人民群众日益增长的精神文化生活需求影响较大。从1978—1991年的相关统计数据来看，我国农村电影放映和文化艺术团队表演的数量以及文化站的数量都经过了一个先增长后减少的过程（具体见表5-4）。对此，1990年《全国村级组织建设工作座谈会纪要》指出："要量力而行地建立农村文化阵地，活跃农村文化生活。广播、电影、文化、教育、新闻、出版、科技等部门都要重视为农村服务，经常想着八亿多农民……应尽快把有线广播等设施恢复起来"③。在中央关于国民经济和社会发展规划中还专门论述文化事业发展规划，指出：要加强文学、电影电视等的创作，满足群众文化生活需要，进一步办好图书馆、文化馆、文化站等各类文化活动场所，加强市场管理和引导，积极提高广播电视覆盖率，提高节目质量，研究促进文化事业发展的经济政策。④ 这一时期由于各方面的原因，许多地方政府没有把农村公益文化设施建设与服务放到突出地位。具体表现为农村公益文化设施建设与服务的资金投入不足。

农村曾经存在的一些文化设施和一些群众性公益文化活动，在丰富人民群众精神文化生活中起过重要作用，但后来一度在一些地方消失了。一些地方

---

① 杨丽.我国农村公共文化服务问题研究［D］.郑州大学，2008
② 杨凤城.中国共产党历史［M］.北京：中国人民大学出版社，2010：468
③ 中共中央文献研究室编.十三大以来重要文献选编（中）［M］.北京：人民出版社，1991：1343
④ 中共中央文献研究室编.十三大以来重要文献选编（中）［M］.北京：人民出版社，1991

表 5-4 1978—1991 年我国农村公益文化设施与服务数量对比

年　份	1978	1980	1983	1984	1985	1986	1988	1991
电影放映（场）	115946	125462	162153	178387	182948	173857	161777	139639
艺术表演团体（个）	3150	3533	3444	3397	3317	3195	2985	2772
文化站（个）	2748	2912	2946	3016	2965	2993	2975	2894

根据徐达深主编：《中华人民共和国实录（第五卷）》，吉林人民出版社，1994 年，第 289、290 页数据整理。

的公益性文化事业单位转向营利性文化单位。一些地方的公共文化资源转向营利创收，公益文化基础设施被出租，或被转做他用，公益性文化事业建设停滞不前，一些地方甚至出现倒退。一些乡镇图书馆（站）及图书资料最后也不知去向，乡镇建设的一些电影院逐渐退出历史舞台，有些地区的农村电影放映队几乎绝迹。由农村共青团和妇联开展的文艺表演等公益文化活动也在不知不觉中退出了人们的生活。乡镇广播站几乎全部消失，即使保留下来的，也是有机构而无实际活动。原来公社设置的文化机构慢慢失去了工作的动力和能力，大多只是名义上保留着编制，但实际并不从事文化事务管理。这一时期，最为活跃的文化活动可能就是因发展经济所带来的娱乐视听活动。

1994 年，我国进行"分税"制改革，提出"财权上收，事权下放"的改革思路。这种改革思路客观上要求乡镇承担更多的公共事务，农村公益文化设施建设与服务的主要承担者当然就是乡镇政府。同时，这种改革思路客观上导致乡镇财政收入大幅减少，乡镇财政根本无力承担农村公益文化设施建设与服务所需资金。乡镇政府为了提供农村公益文化设施建设与服务所需费用，只好通过"三提五统"和向农民"集资摊派"的方式筹集。因此，农民仍然是农村公益文化设施建设与服务的实际承担者。只不过人民公社时期，农民是农村公益文化设施建设与服务的"隐性"成本承担者，现在变为"显性"成本承担者而已。随着乡财政改革的不断深化，乡镇一级事实上具有文化站的人、财、物管理权，在财政负担过重的背景下，一些乡镇曾经靠借贷建设起来的农村文化设施逐步被变卖，大批的文化工作人员被政府抽去"从政"，乡镇文化站实际上已经名存实亡。从这个角度来看，这一时期的农村公益文化设施建设与服务实际上处于停滞状态或倒退，难以承担农村公益文化产品的供给与服务，对于落后农村的广大人民群众来说，更难享受到公益文化服务。这种状况导致了农村文化建设的"空场"，农村广大群众的精神文化需求较长时期得不到满足，导致农村一部分人出现精神空虚、沉湎迷信、道德滑坡、行为失范等不良社会现象。针对这一问题，党和政府迅速采取一系列重要举措。在中央统一领导下，文化部开展了一系列旨在丰富人民群众精神文化生活的活动，比如"万里边疆文化长廊建设"，主要采取了丰富群众精神文化生活的"四基"（基本活动阵地、基本活动内容、基本活动队伍和基本活动方式）活动。特别是文化部开展的"创建先进文化县"活动，大大推进了一些地方的农村公益文化基础设施建设。1995年底，中宣部、文化部等8个部委联合发起的文化下乡活动，对于推进农村公益文化服务影响最为突出。"据统计，到1996年底，这一活动中仅戏剧下乡就有11万多场，放映电影30万场，赠送图书报刊1200多万册，为农村建立书库14000多个。"①这些活动促进了农村公益文化服务的发展，但这些成果由于缺少制度支撑和后续投入而难以持续。

（二）新世纪以来农村公益文化设施建设

进入新世纪以来，我国对农村公益文化设施建设与服务的目标有了新的认识，国家相继提出了公共服务均等化等理念，农村公益文化设施建设与服务迎来了发展的机遇。

2000年，中央针对农村基层政府"乱收费、乱摊派"加重农民负担的问题，在一些地方开始农村税费改革试点。2003年，农村税费改革推广到了全国。2006年1月1日，农业税在我国被全面取消，"三提五统"和各种集资摊派在农村被取消了，农业特产税和农业税在农村被取消了。随之而来的是农村公益文化设施建设与服务制度的变化，突出表现在中央政府加大了对农村公益文化设施建设的投入。同时，地方各级政府也加大了对农村公益文化设施建设与

---

① 郑杭生．中国人民大学中国社会发展研究报告2（1996—1997）——走上两个文明全面发展轨道的中国社会［M］．北京：中国人民大学出版社，1998：434

服务的投入。从 2006 年起，在全国启动了"乡镇文化站建设、'三送'工程、农村有线电视进村入户以及农家书屋建设等农村公共文化建设项目"①，这些项目的投入大都以省、市政府为主。这一时期，农村公益文化设施建设与服务承担的主导力量出现了变化。一是中央和省、市级政府加强了对农村公益文化设施建设与服务的职能。乡镇文化站、农家书屋建设和"三送"工程等农村公益文化设施与服务的规模、布局等主要由上级政府决定，从形式上看，广大人民群众是被动的接收者。二是经费支持趋于多元化。在党和政府的引导、鼓励和支持下，民间、企业、私人参与农村公益文化设施建设与服务的多元格局逐渐显现。三是乡镇政府对农村公益文化设施建设与服务的职能因素在减弱。由于取消了"三提五统"等收费权，乡镇政府的财力减弱，因而对农村公益文化设施建设与服务也逐渐弱化，甚至不履行基本的职能。

21 世纪以来，党和政府相继出台了一系列政策，加强了农村公益文化设施建设与服务。2006 年 9 月 13 日，《国家"十一五"时期文化发展规划纲要》发布，明确提出"积极发展文化事业和文化产业，加大政府对文化事业的投入，逐步形成覆盖全社会的比较完备的公共文化服务体系"②。并将"公共文化服务"的内容专辟一章，涉及"完善公共文化服务网络""加强农村文化建设""普及文化知识""建立健全文化援助机制""鼓励社会力量捐助和兴办公益性文化事业"③ 等一系列重要部署。2007 年 8 月，中共中央办公厅、国务院办公厅下发的《关于加强公共文化服务体系建设的若干意见》，提出了有关加强农村公共文化服务体系建设的一系列重大举措。2007 年 10 月，党的十七大报告明确指出："……完善扶持公益性文化事业……坚持把发展公益性文化事业作为保障人民基本文化权益的主要途径，加大投入力度，加强社区和乡村文化设施建设。"④ 党的十七届六中全会集中研究我国的文化建设，并通过《中共中央关于深化文化体制改革推动社会主义文化大发展大繁荣若干重大问题的决定》，《决定》指出："要以公共财政为支撑，以公益性文化单位为骨干，以全体人

① 张天学，阙培佩．我国现行农村公共文化产品供给的制度困境与对策 [J]．理论月刊，2011（5）
②③ 国家"十一五"时期文化发展规划纲要 [EB/OL]．新华网，2006-09-13
④ 胡锦涛．高举中国特色社会主义伟大旗帜　为夺取全面建设小康社会新胜利而奋斗——在中国共产党第十七次全国代表大会上的报告 [M]．北京：人民出版社，2007：19

民为服务对象，以保障人民群众看电视、听广播、读书看报、进行公共文化鉴赏、参与公共文化活动等基本文化权益为主要内容，完善覆盖城乡、结构合理、功能健全、实用高效的公共文化服务体系。把主要公共文化产品和服务项目、公益性文化活动纳入公共财政经常性支出预算。"[①]党的十八大指出，到2020年实现全面建成小康社会宏伟目标，"公共文化服务体系基本建成"。要加大对农村特别是落后农村公益文化设施建设和服务的帮扶力度，继续发挥农村公益文化设施建设与服务的公益性作用。在公益性文化活动中，引导农村群众实现自我表现、自我教育、自我服务。要"增强国有公益性文化单位活力"[②]。要加强我国落后农村公益文化设施建设，完善农村公益文化服务体系，提高服务效能。党的十九大报告强调指出："完善公共文化服务体系，深入实施文化惠民工程，丰富群众性文化活动。"[③]党的一系列政策为进一步加强农村公益文化设施建设与服务指明了新的方向，标志着农村公益文化建设将步入一个崭新的发展阶段。按照新形势新要求，未来国家不仅持续投入若干专项资金，持续推动全国性重大公益文化工程建设，如广播电视村村通工程、农家书屋工程、社区和乡镇综合文化站（中心）建设项目等，而且这些工程的实施重心都明显地向农村偏远地区倾斜。这些工程的实施，将使落后农村公益文化设施建设与服务得到不断的改善。

二、改革开放以来农村公益文化设施建设与服务取得的成就和经验教训

（一）成就

改革开放以来，特别是进入新世纪以来，我国农村公益文化设施与服务有了较快的发展。党和政府重视农村公益文化设施建设，向农村群众提供了越来越多的公益文化服务，农村群众参与公益文化活动也变得更加便利，他们的精神文化变得更加充实。2002—2007年，"全国文化信息资源共享工程已初步形成以省为中心，向地县、乡镇和街道、村和社区辐射的格局，已建数字资

---

① 《中共中央关于深化文化体制改革推动社会主义文化大发展大繁荣若干重大问题的决定》辅导读本［M］. 北京：人民出版社，2011
② 十八大报告辅导读本［M］. 北京：人民出版社，2012
③ 习近平. 决胜全面建成小康社会　夺取新时代中国特色社会主义伟大胜利——在中国共产党第十九次全国代表大会上的报告［M］. 北京：人民出版社，2017

源 13.6TB（1TB 数据量相当于 25 万册电子图书或 926 小时视频节目）。"[①] "据统计……以文化信息资源共享工程为例，目前全国已建成各级中心和基层服务点 76 万个，拥有专兼职人员 68 万人，资源总量达 90TB……覆盖了全国 96% 的县，服务城乡居民上亿人次。"[②]2004 年开始，全国各级国有博物馆等开始免费向人民群众开放。同时，落后农村公益文化活动与服务的内容与形式也越来越适应群众的需求，农村群众参与的文化活动越来越多，更多的农村群众在农村公益文化建设中受益。

改革开放以来，特别是进入新世纪以来，国家对农村公益文化设施建设与服务财政投入加大，农村公益文化设施建设加快。国家第二次农业普查数据显示，截至 2006 年末，我国农村只有 13.4% 的村有图书室和文化站[③]，而到 2010 年初这个数字就已经接近了 40%，到 2009 年底建成乡镇文化站 38740 个。[④] "十一五"前 4 年，全国文化事业费年均增长 25.28%，总额超过 900 亿元人民币；"十一五"期间，国家共投入 39.48 亿元人民币，新建和扩建农村综合文化站 2.67 万个。[⑤] 由此可见，党和国家对农村文化建设的投入不断增多，落后农村公益文化设施建设不断完善。以宁夏为例，截至 2010 年底，宁夏回族自治区已建成农家书屋 1311 个，广播电视村村通工程实现 20 户以上自然村全覆盖，建成文化信息共享工程区 1 个、支中心 26 个、乡村服务网点 2565 个，实现行政村全覆盖。[⑥] 总体上看，我国落后农村公益文化设施建设发展较快。

"截至 2016 年底，我国集中连片特困地区和扶贫重点县通电均接近全覆盖，通电话的自然村比重为 98% 以上，通有线电视信号的自然村比重分别为 79% 和 81%，通宽带的自然村比重分别为 60.1% 和 61.9%。贫困地区农村 79.7% 的农户所在的自然村上幼儿园便利，84.9% 的农户所在的自然村上小学便利。我国集中连片特困地区和扶贫重点县有文化活动室行政村的比重分别为 86.6%

---

① 谷红瑞.建设公共文化服务体系　保障人民基本文化权益［J］.党建，2008（3）：30
② 张贺.以"公"为本"益"字当先——公共文化服务惠及更多百姓［N］.人民日报，2011-04-28（2）
③ 数据见国家统计局.第二次全国农业普查主要数据公报（第 1 号）［EB/OL］.http：//www. stats.gov.cn/tjgb/nypcgb/qgnypcgb/t20080221—02463655.htm
④⑤ 4 年投入 900 多亿　国家公共文化服务体系建设日益成熟［EB/OL］.http：//culture.people. com.cn/GB/12335213.htm1
⑥ 万一，刘林，李建平，艾福梅，赵文君.站上文化发展制高点——北京、天津、山西、宁夏四地文化体制改革成果综述［N］.经济日报，2011-02-23（7）

和 86.2%。"① 当然，由于我国各地经济社会发展的不平衡，落后农村公益文化设施建设与服务总是滞后于发达地区，并且有较大的差距。

"十二五"时期，我国农村公益文化设施建设与服务发展较快。截至 2015 年 10 月，我国广播电视覆盖率已达 98%，农村群众可以在家免费听广播、看电视。"'十二五'期间已实现乡乡设有文化站，全国有 4 万多个乡镇综合文化站。三是农村电影放映工程，保证农民每个月能免费看到一场电影。全国每年为农民放映 800 多万场。四是农家书屋工程，全国有 60 多万个农家书屋。五是农村数字文化工程，通过互联网将文化信息送到村一级。"② 当然，随着中国经济的快速发展，能够用于落后农村公益文化建设的资金也有更大增长，推动我国落后农村公益文化设施与服务领域也有较快的发展。

党的十八大以来，落后农村公益文化设施建设与服务进入新的发展时期。"中央有关部门统筹安排财政资金，实施百县万村综合文化中心工程，在集中连片特殊困难地区县和国家扶贫开发工作重点县扶持建设 1 万个村综合文化服务中心。2016 年，又启动贫困地区民族自治县、边境县村综合文化服务中心覆盖工程，实现贫困地区民族自治县、边境县村级文化中心建设的全覆盖。"③ 首次以法律的形式规范各级政府在农村公共文化服务中的责任和义务。"2015 年，中央印发《关于加快构建现代公共文化服务体系的意见》，首次把标准化、均等化作为重要制度设计和工作抓手；2016 年，《公共文化服务保障法》颁布，首次以法律形式规范和界定了各级政府及有关部门在公共文化服务中的责任和义务，将公共文化建设纳入法治化、规范化轨道。"④ 有针对性地出台了解决农村公益文化服务中的问题。针对基层特别是落后农村公益文化资源分散、服务效能不高等问题，"制定《关于推进基层综合性文化服务中心建设的指导意见》，把乡镇和村级的党员教育、科学普及、普法教育、体育健身等设施资源整合起来，建设基层综合性文化服务中心，实现'一站式'服务。各地积极探索，形成了安徽农民文化乐园、浙江农村文化礼堂、

---

① 中国农村贫困监测报告 2017 ［M］. 北京：中国统计出版社，2017：19~20
② 雒树刚："十二五"我国文化改革发展取得辉煌成就 ［N］. 经济日报，2015-10-12
③④ 刘阳，郑海鸥. 坚定文化自信　开创社会主义文化繁荣新景象——党的十八大以来文化体制
　改革成效显著 ［N］. 人民日报，2017-07-24（1）

山东文化大院、广西的'五个一'村级公共服务中心等各具特点的建设模式，让服务更加便捷高效"①。制定文化扶贫的规划，以文化扶贫助推精准扶贫精准脱贫，以文化服务体系建设规划纲要，助推落后农村与全国同步实现文化小康。

（二）经验

1.坚持以政府为主导

一般来说，我国公益文化建设特别是农村公益文化建设应该是政府主导和投入。当然，随着社会的文明进步，一些社会团体和组织也加入到社会公益事业中来，特别是一些爱心人士和组织以纯公益的形式加入到落后农村公益文化事业中来，这样就使得我国落后农村公益文化设施建设与服务，由过去政府单一投入主体的建设，演变为其他一些资源和社会资本投入到公益文化设施建设与服务中来，促进了农村公益文化设施建设与服务的发展。

2.坚持马克思主义群众观点

依照马克思主义的基本观点，我们党的工作必须坚持"一切为了人民群众的观点，一切向人民群众负责的观点，相信群众自己解放自己的观点，向人民群众学习的观点"②。推进落后农村公益文化事业，必须坚持马克思主义的群众观。我国落后农村群众既是农村公益文化服务的接受者，也是建设者，发展农村公益文化设施建设与服务，必须依靠群众的智慧，发挥群众的主体作用。农村公益文化设施建设与服务必须坚持以人民为中心的发展思想，坚持以群众的需求为导向，提供大量的群众喜闻乐见的文化"大餐"。

3.坚持均衡化发展

我国落后农村公益文化设施建设与服务，要体现公益性文化事业发展的基本性、均衡性、平衡性，充分保障农村群众的基本文化权益，为农村群众的自我发展提供基本文化条件。《中共中央关于推进农村改革发展若干重大问题的决定》指出："农村社会事业和公共服务水平较低，区域发展和城乡居民收入差距扩大，改变农村落后面貌任务艰巨"，"农村发展仍然滞后，最需要扶

---

① 刘阳，郑海鸥.坚定文化自信　开创社会主义文化繁荣新景象——党的十八大以来文化体制改革成效显著［N］.人民日报，2017-07-24（1）
② 赵曜等.马克思列宁主义基本问题［M］.北京：中共中央党校出版社，2001：15

持"。① 推进我国落后农村公益文化设施建设与服务工作，也是实施农村振兴战略的重要组成部分。

4. 坚持文化建设的法治保障

过去，我国文化建设一直没有完整的法律制度保障，致使文化事业建设波动很大。我国农村文化建设往往带有运动的色彩，一些地方的农村文化建设形式主义严重。近年来，我国农村文化建设不断走向法治化轨道，落后农村文化建设得到法律制度保障，各级财政、税收、人事管理等各方面依法支持农村乃至整个国家的公益文化事业稳定发展。

---

① 中共中央关于推进农村改革发展若干重大问题的决定 [N]. 人民日报，2008-10-20

第六章
我国落后农村公益文化设施
建设与服务的国外经验和启示

　　理论上，国外没有公益文化设施建设与服务的提法，但从实践来看，它们的文化政策对事实上存在的公益文化设施建设与服务确实起到了很好的效果。由于历史、国情和管理的差异，各国的文化政策也不尽相同，但它们在建设公益文化方面的公共财政投入机制有很多经验可供我们借鉴。

第一节　美国的公益文化设施建设与服务

　　公益文化设施建设与服务主要是政府通过政策法规对公益文化团体、组织或机构进行管理，以使其为社会公众提供公益文化服务。美国的公益文化服务提供方主要是政府、民间组织或非营利性机构即所谓的第三部门。在美国，依照议会立法，分别有 4 个部门——联邦艺术暨人文委员会、国家艺术基金会、国家人文基金会和国家博物馆委员会——代理联邦政府行使某些方面的文化工作协调职能，负责对全国重要的文化艺术活动的计划协调和对非营利性文化团体和个人的财政资助等。因此美国政府虽不具体管理文化事务，但却能通过一定的手段控制和影响本国文化的发展。

一、美国公益文化设施建设中的政府作用

美国公益文化设施建设中，投入的资金来源包括政府文化资助、社会文化资助和文化组织自营收入三种。"政府文化资助包括直接文化投资和间接资助两种方式。直接文化投资的重点是国家和地区的重点文化设施建设和重要文化项目，还包括对国有文化单位的行政经费拨款和固定资产投资拨款。间接文化投资主要是为了扶持某些文化项目和建立某种调控机制，包括建立文化发展专项基金和文化发展基金、贴息贷款、税收减免、融资等形式。社会文化资助包括企业、个人和社会团体的资助，主要通过慈善捐赠、志愿服务等形式实现。文化组织自营收入是指文化组织自身开展的一些经营性活动取得的收入，包括门票收入、投资利息和股利、会费、商品零售、特许收入等。"[①] 美国类似于中国的农村公益文化设施建设与服务是典型的由政府、企业和社会团体多元参与并共同生产和提供。美国通过政府直接拨款，鼓励慈善机构、企业及个人捐赠等多种形式对其给予有力支持。同时，培育、支持民间非营利性的艺术机构从事公益文化服务。

美国政府重视文化发展，特别是对于公益性文化事业的发展非常重视。早在 18 世纪，乔治·华盛顿总统就宣称"艺术和科学对于国家的繁荣和人们生活的幸福、丰富是至关重要的"[②]。他们认为，在微观层面，政府应该尽可能少地干预文化发展，给文化发展更多的自由度，留给私人和地方政府更多的创新空间。在宏观层面，美国政府借助各种资助政策和法律制度影响着文化的发展。表面上看，政府在文化方面似乎没有发挥作用。实质上，美国政府在文化发展的方向、价值取向方面发挥着重要的作用。

①② 黄锐. 美国文化资助体系研究［D］. 上海社会科学院，2006：4、9

二、美国公益文化事业的政府间接管理

美国政府对公益文化事业的间接管理，一方面，反映在它的导向上，即政府通过资助等形式在导向上体现管理的间接性。另一方面，反映在它的机构上，政府通过国家艺术基金会、国家人文基金会等机构对文化团体组织实施间接影响。因为，在文化的影响方面，这几个机构没有立法权，也没有政策制定权和行政管理权。所以，它们仅仅是负责将每年美国中央财政拨给的资金分配给各自领域中需要资助的团体组织。其中，国家艺术基金会、国家人文基金会的组成人员大部分或全部是社会上的专业人员或杰出人士。

另外，美国还有许多半官方的文化组织，它们大多都是非营利性组织，这些组织团体对美国文化发展具有一定的影响。

三、美国公益文化发展中的公共财政和社会资金保障

在美国，政府对于公益文化事业发展的资金有较为充分的保障。联邦艺术暨人文委员会、国家艺术基金会、国家人文基金会和国家博物馆委员会等机构，每年都有来自中央政府的资助和地方政府的一定资金的支持。这些机构几乎把所有的资助资金都用于公益文化事业的发展，并且，这些资助资金的使用效率很高。

美国政府资助公益文化事业发展，主要采取补贴拨款的方式，以避免公益文化事业单位对政府的依赖。比如，美国政府对于艺术基金会采取"资金匹配"的资助方式，对所资助的文艺团体或某一文化项目，仅仅资助其所需资金的一部分，剩余部分由所资助的文艺团体或某一文化项目负责人自行解决。

美国政府除了直接资助公益文化事业发展，还通过优惠政策激励各种慈善基金会等社会组织、企业和个人对公益性文化提供支持。美国的私人部门对文化艺术等捐赠的数量巨大。"据估计，2003 年，美国对艺术、文化和人文类总捐赠额达 122 亿美元，相当于平均每个美国人捐赠了 42 美元。其中个人捐赠占总量 50%，基金会占 33%，企业捐赠占 17%。"[①] 同时，奖励或激励社会组织、企业和个人对公益性文化的支持。美国政府对于捐赠公益文化事业的

---

① 黄锐. 美国文化资助体系研究［D］. 上海社会科学院，2006：17~18

相关组织、企业和个人实行税收等优惠，并以详细的税法加以规定。

第二节　英国的公益文化设施建设与服务

英国历史悠久，是一个比较重视文化艺术的国家，各种文化艺术活动的群众基础较好。在文化艺术方面，强调人人参与文化活动、享受文化的权利。在文化政策方面，强调每一个人平等地接触文化艺术的机会。英国的公益文化设施完善，服务网络齐全，政府文化机构能为民众提供丰富的、高质量的文化艺术服务。

一、英国的公益文化设施建设模式与管理体制

在公益文化设施的管理与服务方面，英国主要采取的是政府与民间的"分权化"共建模式。"英国吸收借鉴了美、法国的经验与有效做法，建立了直接管理与间接管理相结合的三级管理体制。一是中央一级，文化、新闻、体育部，负责制定文化政策和统一划拨文化经费及审核使用情况。二是中间一级，中级地方政府及代表政府实施部分职能的中介代理机构——各类文化艺术委员会（统称"官歌"〈Quango〉），负责执行文化政策和具体分配文化经费，避免了文化主管部门直接干预文化艺术，防止资金分配上体现政治意志。三是基层一级，是基层地方政府和地方艺术董事会，具体使用文化经费。"[1]英国的这种三级管理架构，不是垂直的行政领导关系，而是相对独立的，并能够独立地行使职能。它们之间通过制定和执行统一的文化政策，逐级分配和使用文化经费，相互紧密地联系在一起，这就是所谓的"一臂之距"。

在公益文化服务的财政投入方面，英国政府力求使其公共利益最大化。按照英国政府文化政策即"大多数人能够享受到生活中最好的事物，提高本国文化、体育活动的可参与性和参与度，吸引公众更多地参与文化体育活动"[2]的目的和原则，一方面，英国政府通过文化新闻体育部门每3年对非政府公共组织（注：由各个领域专家组成的非政府公共组织，不受政党更迭影响）进行

---

① 胡熠. 欧美国家文化管理的经验与借鉴［J］. 重庆社会科学，2002（1）
② 陈冬发. 公共文化服务体系建设中公共财政投入机制研究［D］. 上海交通大学，2008

一次拨款，以便有关机构有更多时间进行规划，资助一些文化团体或慈善机构。比如，在英国注册的慈善机构等非营利性文化团体，都可以得到政府较多的资助。另一方面，英国政府对这些经费资助的文化团体或慈善机构也提出了一些约束性要求。比如，文化团体保持一定比例的低价门票等。同时，英国政府对受助团体采取年度评审、特派员跟踪评审、五年评审等方式进行评估。艺术团体艺术项目质量的好坏是政府给予资助的评判标准。因此，英国政府遵循不干涉文化拨款的具体发放等原则，选择非政府公共组织作为代理机构来负责公益文化事业的管理。

二、英国公益文化设施建设与服务的财政保障

在公益文化事业发展的资金上，英国是世界上人均政府拨款最多的国家。英国政府除了直接为公益文化事业发展拨款以外，还利用各种方式鼓励企业、团体和个人等赞助文化艺术事业发展。20 世纪 80 年代，英国政府就通过"商业赞助激励计划""在全世界首创为企业赞助提供政府配套资金的先河"，"它们采用政府'陪同投入制'，规定企业第一次赞助时，政府投入相同比例的数额，第二次赞助时政府则投入超过第一次投入款项的 50%。这一措施极大地激励了个人和企业对公益性事业的捐赠和赞助。"[①]

英国文化艺术团体的资助资金的来源主要有五个方面：一是英国中央政府的直接拨款。二是地方政府的拨款，包括其他一些政府部门的零星资助。三是社会组织、企业和个人的资助。四是彩票销售的收入。五是免门票后的其他服务性收入。在免费开放的博物馆、美术馆等文化机构中，积极开展其他一些服务等获取一部分收入。英国政府也配套有相应的政策支持，对非营利性文化艺术事业组织的收入实行免税政策。如，英国大英博物馆是典型的公益型文化机构，但博物馆也同时开展一些经营性活动，政府对其收入实行免税政策。另外，英国的文化艺术团体设有基金发展部专门负责筹集资金。英国政府通过对艺术表演团体的资助，免费或降低门票价格，让普通民众能够享受到高质量的

① 叶辛，蒯大申. 2006—2007 年：上海文化发展报告——构建公共文化服务体系［M］. 北京：社会科学文献出版社，2007：243

文化艺术表演。

三、英国的公益性文化服务网络

英国政府对于公益性文化服务的目的，主要致力于提高国民文化艺术素质。出于这样的目的，英国各种公益性质的文化活动，不管是展览馆、美术馆、博物馆，还是演艺中心、演艺厅等都重在吸引更多公众的参与。英国政府公益文化服务的理念，就是为了实现公益文化服务，为更多的人提供服务。英国公益文化艺术事业提供社会服务，不在乎形式上的追求，而在于内容上满足不同群众的需要。英国公益文化服务突出特殊性与综合性。一是在文化艺术的服务上，注重社区的弱势群体和特殊群体对于文化艺术的需要，为他们提供恰当的服务。二是在文化信息服务上，注重对民众的综合性服务。博物馆、美术馆等文化机构，除了自身的专业化文化艺术服务外，还向民众提供教育、学术、娱乐等综合性服务。同时，在公益文化服务方面，为了给公众提供更多的服务，吸引不同层次公众的参与，以及提高服务的质量，各文化艺术机构还注重与其他文化机构的合作。

英国的公益文化服务注重向农村延伸。英国拥有众多慈善机构，据有关方面的统计，"2006年大型慈善机构就达到25000多家"[①]，这些大型慈善机构大部分都接受政府资助，也在公益文化服务中发挥着重要作用，特别是一些地方性慈善机构把自己的服务延伸到了农村地区，对农村的公益性文化服务发挥积极的作用。乡村交通便利，这为英国的公益文化服务向农村延伸，以及农村群众接受城镇公益文化服务提供了良好的条件。英国给予农村的公益文化服务主要有两个方面：一是在给农村群众借书方面提供人性化服务。例如，只要把所借图书放到规定的地方就可，还书时间不受限制等。二是每年为各个乡村举行各种音乐节等文化艺术活动，既给农村群众提供共同参与文化活动的机会，也为他们提供享受各种文化艺术活动的机会。

---

① 王浦劬等.政府向社会组织购买公共服务研究：中国与全球经验分析［M］.北京：北京大学出版社，2010：224

第三节 法国的公益文化设施建设与服务

法国文化发达，文化艺术遗产丰富。法国政府向来重视文化艺术，历史上有几位最高统治者都重视文化艺术工作。法国民众也喜爱文化艺术，非常重视和维护法国在世界上的文化形象。法国政府投入公益文化艺术方面的资金占国家财政收入的比例名列西方发达国家前茅，拥有发达的公益文化艺术服务供给网络。

一、法国公益文化事业发展的政治基础和理念

法国公益文化事业发展的政治基础是"主权在民"的思想。1793 年，法国在修改后的《人权宣言》中就提出了"主权在民"的思想，这为法国的教育和文化艺术事业的普及提供了政治基础。在公益性文化服务方面，法国采取的是"中央集权"式的服务模式，也就是说，法国的文化部"在每个大区（法国的国家行政单位，也是区域自治单位）都设有'文化事务管理局'作为文化部的派出机构，统一对全国的文化事业实行'一竿子插到底'的协调管理"[1]。在文化普及和文化观念的变革上，法国政府"认为文化如同教育一样，是每个公民应享有的基本权利"[2]。政府的主要任务之一就是开展群众文化普及工作，政府必须采取措施促进文化普及工作。法国第一任文化部部长安德烈·马尔罗认为："唯有伟大的文化才能够弥补对上帝信仰的缺失，每个人必须享受到伟大的文化。"[3] 从这个意义上说，享有文化是公民的权利。通过对群众的文化普及工作，转变群众的文化观念意识，提高群众的文化素养。

二、法国公益文化事业的政策和管理

法国政府对文化公益事业实行严格的文化管理和干预政策。它们认为，文化公益事业的发展应该是政府行为，政府对文化事业发展应该实行严格的介入政策。法国政府通过实行文化集权化管理，对公益文化事业进行干预，议

---

① 胡熠.欧美国家文化管理的经验与借鉴［J］.重庆社会科学，2002（1）
② 艺衡，任珺，杨立青.文化权利：回溯与解读［M］.北京：社会科学文献出版社，2005：331
③〔英〕吉姆·麦圭根著，重新思考文化政策［M］.何道宽译.北京：中国人民大学出版社，2010：88

会每年对文化公益事业的补贴进行预算。在管理机构上，法国政府不仅成立了主管公益文化事务的中央机构——文化部，从全局上集体管理公益文化事业，而且从"中央到地方政府均设有文化行政部门。各级政府的文化行政部门为社会提供比较完善的公共文化服务，对文艺团体、非营利文化组织给予一定的资助"①。在管理方式上，法国政府对文化部门的管理是通过签订文化协定的契约形式，不是下达行政命令的形式。这种管理方式不同于对一般行政部门的管理，也不同于其他国家的文化管理。它们认为，这种管理形式有助于管理目标的实现。

三、法国公益文化建设的政府财政投入和社会捐赠保障

在公益文化事业发展中，法国政府财政投入巨大。2006年，法国政府拨给文化部的款项，约占当年国内生产总值的1%。②另外，其他一些部门年预算中都有对文化事务的支出部分。这样一来，实际上政府在公益文化事务中的投入远远高于当年国内生产总值的1%；同时政府通过一系列的文化政策，力求达到公益文化投入分配上的平衡。20世纪90年代后，法国政府提高公益文化事业预算经费，并将大量资金投入到偏远地区和农村地区，实现不同区域之间、城乡之间文化资源平衡的目标。

法国政府积极鼓励地方政府投资公益文化事业，以致"地方政府在文化上的总投入比中央政府多5倍，地方举办的文化活动也比中央多5倍"③。这些有力地促进了公益文化事业的繁荣发展。除中央政府与地方政府的直接投入外，政府还鼓励社会组织、企业和个人捐赠公益文化事业。对于资助公益文化事业的企业，政府可以使其享受3%左右的税收优惠等。

四、法国公益文化发展的法律依据和法律保证

法国在文化管理方面进行了诸多立法工作。在1840年，法国就制定了"《历史建筑保护法》，为保护文化遗产提供法律依据。以后又陆续制定颁

---

① 裴玲.西部农村公共文化服务供给模式研究［D］.兰州大学，2009
② 朱伟明.法国政府对本国文化的保护和传播［J］.当代世界，2007（6）：53
③ 李景源，陈威.中国公共文化服务发展报告（2009）［M］.北京：社会科学文献出版社，
　2009：250~251

布《纪念物保护法》《历史古迹法》《景观地保护法》《考古发掘法》《历史街区保护法》《城市规划法》等，为法国文化遗产保护提供详尽的法律依据。其他方面有《图书价格单一法》《出版法》等，对图书馆、博物馆等都有《图书馆法》和《博物馆法》的法律规定"①。系统健全的文化管理法律法规，为法国公益文化服务提供了法律依据和法律保证，为文化建设健康稳定提供了强有力的支持。

第四节　日本的公益文化设施建设与服务

日本重视公益文化事业的发展，对文化艺术教育等事业实行政府管理与干预政策。日本有农村基层自治的传统，这些治理传统对农村公益文化设施建设与服务具有很大的影响。一般来说，日本农村公益文化建设的决策与管理都是由农村基层政府来具体负责，农村基层政府以外的行政机关一般不直接干预农村公益文化设施建设与服务。

一、日本的公益文化建设与行政管理

日本历史上奉行高度集权的政治管理模式，反映在公益文化建设上，政府对文化艺术教育等事业采取管理与干预政策。"早在明治维新后的1871年，日本政府就成立了管理全国文化教育事业的文部省，设文部卿直接领导其工作，并于1885年升格为文部大臣，历史上的许多政治知名人物担任了文部大臣一职。""日本政府还于1968年设置隶属于文部科学省的文化厅，目的在于丰富人民的精神文化生活，加强文化事业的发展。"② 在文化厅内设置不同的组织机构来分管不同领域的文化工作。文化厅的主要职责是振兴地方文化，建立文化艺术团体的活动基地，加强历史博物馆、美术馆的建设，保护文化遗产，通过各种方式鼓励人们参与多种文化艺术活动。日本公益文化管理的改进措施对我国落后农村公益文化设施建设与服务具有启发意义。

---

① 王富军.农村公共文化服务体系建设研究［D］.福建师范大学，2012
② 张爱平等.日本文化［M］.北京：文化艺术出版社，2004：22、26

在日本，除了中央政府文化机构管理文化事务以外，地方政府中的文化机关和其他一些行政机构也分管部分文化事务。一般来说，日本地方政府中的文化机关主要负责为居民精神文化生活服务，为居民提供精神文化享受服务。其他一些行政机构，比如警察厅，主要主管文化娱乐场所等。

二、日本公益文化建设的法律体系支撑

日本在文化管理方面的法律比较健全。如，1919 年颁布的《古迹名胜天然纪念物保存法》，1929 年的《国宝保存法》，1950 年的《文化财保护法》，1966 年的《古都保存法》等。[①] "2001 年通过的《文化艺术振兴基本法》对文化产业、文化事业以及政府的责任与义务等作出了详细规定，其中包括对财政保障，振兴地方文化艺术，公共文化建筑物的建设维护，博物馆、美术馆、图书馆的建设与充实，文化艺术活动的普及，对一些文化艺术活动的支援等。"[②]日本在公益文化发展方面形成的法律体系，是公民享受文化权利的法律保障，是保护文化遗产的法律遵循，是发展公益文化事业的法律依据，是公民参与公益文化活动的法律基础。

三、日本公益文化建设与服务的多渠道财政保障

日本在建立发展公益文化事业的法律保障的基础上，政府财政对发展公益文化事业专门有预算经费进行资助。为了振兴公益文化事业，推动公益文化事业的发展，政府对地方开展文化活动也提供一定的财政保障。

地方开展的公益文化服务与活动的经费来源，一是来自中央政府财政的资助。为激励地方公益文化服务的开展，大多地方公益文化艺术活动都能得到中央政府的一定资助。二是来自一些文化基金组织的资助。地方文化艺术活动和服务在得到中央政府财政资助的同时，还有一些文化基金组织也提供资助。三是来自一些企业和个人的资助。日本政府鼓励企业和个人资助公益文化艺术服务与活动。实践中，地方开展的一些公益文化艺术活动与服务是得到一些企

---

① 朱磊.日本文化名城保护——从"官督民办"到"官民协作"[J].城市观察，2011（3）：13~19
② 王富军.农村公共文化服务体系建设研究[D].福建师范大学，2012

业和个人资助的。比如，基层综合性的文化服务机构公民馆的费用就是在国家资助与社区财政支持的基础上，由社会捐赠等方面提供保障的。

另外，日本政府在文化遗产保护方面也提供经费支持。政府每年拿出大量资金资助分布在各地的文化遗产的保护。至于日本综合性公益文化机构与服务的运行费用，基本上主要还是由国家财政资助＋社区自身财力，以及社会捐赠和志愿服务者等支持的。

四、日本的综合性公益文化机构与服务

日本公益文化机构都不是单纯地提供一种服务，而是开展综合性的服务。以图书馆为例，其综合性服务，一是体现在对图书馆馆舍的明确划分，二是体现在服务内容与形式的创新上。日本的"图书馆都包含有十几个甚至是几十个室、处、中心，包括专业化的资料馆、文化中心、儿童馆、交流中心、市政厅办事处等，每一个室、中心基本上就是一种面向全体民众的服务内容与形式。一座图书馆是融合了休闲、娱乐、学习、研究、交流等综合性的文化艺术机构"①。日本基层的公益文化服务与活动也是在社区文化中心开展的，社区文化中心就是公民馆。"公民馆是综合性的文化教育机构，遍布日本全国的市街村，包括图书馆、博物馆、公民学校、集会厅等于一身，为社区内的公民提供图书阅览、文化交流、公民学习等服务。"②

五、日本基层公益文化事业发展的文化政策

日本基层公益文化事业发展的文化政策，主要在于大力"扶持地方各具特色的文化，并把其作为优先措施"③。具体反映在几个方面：一是实施"家乡文化再兴事业"计划，保护富有地方特色的传统文化。通过培养修复道具等继承人，使具有特色的传统文化得到继承和延续。这一做法类似于我国非物质文化遗产传承人的培养方法，一方面资助了基层社会公益文化事业的发展，另一方面丰富了基层社会的精神文化生活。二是制定和实施支援村镇文化艺术活

---

① 王砚亭．日本图书馆年鉴（2005）带给我们的启示［J］．年鉴信息与研究，2006（5）：53
② 欧远．论文化下乡的重点：图书下乡［J］．湖北函授大学学报，2011（3）：80
③ 艺衡，任珺，杨立青．文化权利：回溯与解读［M］．北京：社会科学文献出版社，2005：338~339

动的中长期计划。通过提高从事公益文化活动与服务"从业者"的职业能力和技术水平，为广大村镇公益文化服务与活动提供人力支持。同时有力地促进地方文化事业的发展。三是实施物质文化遗产和非物质文化遗产的保护工作。日本政府每年都要投入巨资保护和利用各地的文物，特别是重视大量分布在农村地区的物质文化遗产和非物质文化遗产，直接促进了农村的文化发展。

第五节　韩国等国家的公益文化设施建设与服务

在韩国等一些国家，中央政府在农村公益文化设施建设与服务方面起主导作用。"据统计，在韩国所有公共文化设施之中，公共图书馆最多，达786座，另有博物馆694家、美术馆154家。"[1]韩国"新村运动"之所以取得成功，关键在于提高农民的文化素养，充分调动农民的积极性。在韩国农村公益文化发展中，加强了对农民的组织、教育和培训。如，兴建"村民会馆"和各种培训机构，"加强农民的生活伦理和文化教育"[2]；建立"新村指导员研修院"，大力培养"新村领袖"[3]；"统筹各种教育培训力量，加强农民的农业技术教育"。"根据农业经济发展要求，适时调整农民教育目标"。[4]通过这些教育培训，韩国农民的整体素质明显提高。

此外，巴西、阿根廷等发展中国家也都比较重视公益文化设施建设与服务，他们都注重立足于本国国情，在实践中探索了一些好的经验做法。一是政府承担公益文化服务供给的职责，各级政府财政给予文化单位一定的经费保障。比如，"阿根廷文化国务秘书处所属52个非营利性文化单位均为国有，90%的运营经费由联邦财政拨付。""二是努力满足低收入居民的基本文化需求。如布宜诺斯艾利斯市，每年通过政府出资和企业赞助，保障低收入居民都能够享受到低价或免费的基本文化服务，其中包括本土的和外来的、通俗的和高雅的各类文化产品和服务。阿根廷正在实施一项为低收入居民免费送书计划，拟给

① 宋佳编译.韩国加强文化基础设施建设［N］.中国文化报，2012-10-26
② 周伟光.韩国及相关国家农村文化建设借鉴［J］.传承，2007（8）：68~69
③④ 冶雅晰，张景书.韩国新村教育及对我国的启示［J］.陕西农业科学，2010（3）：178~181

全国每户低收入居民赠送 50 本图书和 1 个书架，其中 18 本图书由国家文化部门选送，包括阿根廷宪法、百科全书、医学急救、法律救助、家用器械修复、就业指南、婴幼儿营养、儿童诗选、科幻小说、民歌歌词等各 1 本，其余由各地文化教育部门配送。"①

第六节　国外公益文化设施建设与服务的启示

推进我国落后农村公益文化设施建设与服务工作，有必要借鉴国外相关工作经验，从根本上转变政府管理理念，改变落后的供给机制。国外的实践证明，多元供给模式在一定条件下是适应社会发展的。在新的发展环境下，提高我国落后农村公益文化设施建设与服务的供给效率和质量，必须扩大供给主体，改变供给方式，拓宽供给渠道。同时，要在服务理念的转变和服务职能的提升上多下工夫。

一、突出政府在公益文化服务与管理中的主导作用

在保证公益文化事业顺利开展以及提供必要的公益文化服务的前提下，政府要发挥公益文化设施建设与服务的导向作用，建立合理的公共财政支持机制，使财政资金主要投入公益文化服务领域，放松管制，放下包袱，培育多渠道、多主体的投融资模式，为公益文化的发展提供制度创新的契机。根据国外特别是发达国家的经验，要满足我国落后农村公益文化设施建设与服务的基本需求，我国公益文化事业经费的投入，应占政府公共支出的 1% 以上。国外公益文化设施建设与服务的费用大都是建立在公共财政的基础之上的，公共财政的公共性、公平性、公益性与法治性等特征，客观上要求各级政府的财政预算应当涉及国家公益文化设施建设与服务。

国外一些国家特别是英、美两国在公益文化建设中的公益文化服务重在"分权"与合作、政府间接管理、突出投入重点等领域。从"分权"与合作的角度看，通过分权把管理权下放，使各个地方根据自己的特点管理文化、发展文化、扶持

---

① 钟文 . 保护文化遗产 建设公共文化服务体系 [N]. 光明日报，2007-07-26

文化，提高各级政府投入文化的积极性；通过合作即中央与地方、地方与地方、部门与部门之间密切合作，共同为公益文化服务的投入而努力。从政府间接管理的角度看，国家对文化投入或拨款采取间接管理模式，一般都通过中介组织来实现，通过中介组织完成国家公共财政资助文化事业的任务。从投入效益最大化的角度看，为了使公共财政资源效益的最大化，这些国家都重点扶持具有示范性、体现民族特色、具有较高水平的文化项目，在此基础上兼顾多元文化的发展。

二、动员民众积极参与农村公益文化活动

"文化活动是在一定时空条件下人们对自己的物质与精神生活方式与生活原理的设计及其实践。"[1] 人们在参与文化活动的过程中，真正实现心灵的沟通，极大地提高自己的创造性与创新性。一些国家和地区重视公益文化建设与服务，都非常注重群众参与文化活动的意识的培养。通过引导群众参与文化活动，提升群众的人文素养。"发达国家的文化之所以发达，不仅仅在于公益文化服务的数量多、质量高，更在于民众对文化艺术活动的热爱与参与，发达国家无论城镇居民还是乡村居民都是如此。加拿大文化政策的目标之一，是促进积极的公民身份认同和公民的文化参与。"[2] 将"共享的公民身份意识和社会凝聚力作为政策规划和立法改革的指南"[3]。在西方发达国家，政府在民众参与文化活动中发挥着一种引导作用。一是政府为群众性的文化活动提供场地。"政府在城市各个地方修建广场和其他基础设施供人们休闲娱乐所用，还灵活地为一些个人艺术创作活动提供场所。比如，利用城市高架桥下空间为民众提供文化创作和文化艺术活动场所。"[4] 至于公益文化的组织管理与费用，基本上由文化艺术团队自我组织、自我管理，费用主要是依靠自己成员筹集。二是政府财政资助文化创作团队。当前，在推进我国落后农村公益文化设施建设与服务的过程中，除了在农村公益文化设施建设方面体现灵活性，比如，在完善农家书屋、文化大院等基础上，提供其他一些文化活动场所，更重要的是最大可能地提供给民众一些能够创作文化

---

① 黄全德，宋珊萍．社区文化活动组织手册［M］．北京：中国社会出版社，2004：1
②④ 王富军．农村公共文化服务体系建设研究［D］．福建师范大学，2012
③ 陈鸣．西方文化管理概论［M］．太原：书海出版社，2006：119

的活动场所，要让更多的人参与文化艺术的创造活动，以提高自我发展能力。事实上，文化创造活动，能够更好地表达人们的思想感情和内在价值。从这个意义上说，广大人民群众自己主动参与到文化生活和活动之中，比单纯被动地接受文化产品和服务更为重要。

我国落后农村公益文化设施建设与服务，不是表面上的提供文化产品与服务的问题，而是本质意义上的人们的思想观念的转变和思想文化素质提高的问题。当前，我国落后农村公益文化服务的主要任务是提高农村群众的科学文化素养与道德素质。从发达国家的实践看，提高民众的思想文化素质与公益文化事业的发达是相互联系、相互影响的，民众的思想文化素质与参与文化艺术活动的积极性和接受服务能力相辅相成。从这个意义上说，我国落后农村公益文化设施建设与服务，政府不仅要重视文化基础设施建设，也不只是加强文化人才队伍建设，而且要特别重视农民群众思想观念和文化意识的培养。发达国家公益文化活动中民众的参与率与政府的努力程度往往成正比，政府在政策和财力上大力支持公益文化事业发展的同时，还要尽可能地动员广大群众参与公益文化活动，在公益文化活动中培养他们的文化自觉。因此，公益文化服务是一个多向互动的过程。在这种互动过程中，既提高了广大群众的思想文化素养，又促进了公益文化事业的健康发展。

我国落后农村公益文化设施建设与服务，缺乏有效的动员和鼓励群众参与公益文化活动的机制。发达国家发展公益文化事业给我们的启示：转变重形式轻内容的观念。农村公益文化设施建设与服务，不单纯是看有什么服务，更不是单纯看文化基础设施有多少，而是要尽可能吸引群众参与文化活动，进而促进农村公益文化服务的创新。

三、建立健全农村公益文化设施建设与服务的多元投入体系

推进我国落后农村公益文化设施建设与服务工作，政府除了必要的财政投入外，还要不断完善法律制度、税收优惠政策等，以进一步鼓励企业、社会组织和个人对农村公益文化设施建设与服务的赞助。要借鉴发达国家的经验和做法，创新政府公共财政投入的杠杆机制。比如，美国的"资金匹配"资助方

式、英国的"陪同投入制"等。也就是说，对于有一定条件的农村，农村公益文化设施建设与服务项目的经费来源，以地方政府或行政村投入经费为基础，再按照一定的比例，中央政府财政给予一定的经费配套。同样，中央政府公共财政对社会力量捐赠也可以给以适当配套资金。在引导社会力量支持农村公益文化设施建设与服务时，要借鉴"资金匹配"和"陪同投入制"，尤其注意引导地方政府或社会力量赞助者把经费投入到落后农村的公益文化设施建设与服务领域。按照相关研究，城镇大型项目往往能够得到多数企业和个人的资助或捐赠，而一些小项目或者是农村地区往往得不到捐赠。如果不注意相关法律、税收政策的具体引导，与其他公共财政投放配合，就会使落后农村公益文化设施建设与服务与其他地区的差距进一步拉大。

我国落后农村公益文化建设中，引入社会力量参与发展，不只是资源的投入，更在于创造一种文化气氛，提高人民群众的文化意识和社会对文化艺术的重视。党的十八届五中全会通过的《中共中央关于制定国民经济和社会发展第十三个五年规划的建议》明确指出："推动基本公共文化服务标准化、均等化发展，引导文化资源向城乡基层倾斜，创新公共文化服务方式，保障人民基本文化权益。"[①] 在全面建成小康社会的决胜阶段，我们要下决心补齐我国落后农村经济、社会、文化等方面的短板。全党全社会不仅要集中精力，解决所有贫困人口的相对贫困问题，也要从根本上解决贫困人口的文化贫困问题。要通过全社会对落后农村公益文化设施建设与服务的投入，创造有利于落后农村公益文化建设的良好社会环境，形成全社会重视农村公益文化事业发展的自觉性。在全社会的共同努力下，尽快提高贫困人口的思想文化素养，促进落后农村群众思想意识的转变。

四、加强文化立法，实现农村公益文化建设与管理的法治化

加强文化立法，为我国落后农村公益文化设施建设和管理提供保证。发达国家的公益文化事业建设与管理都有健全的法律法规体系。"美国虽然很少有独立的关于公益文化事业建设与管理的法律法规，但在各种分散的法律法规

---

① 中共中央关于制定国民经济和社会发展第十三个五年规划的建议 [M]. 北京：人民出版社，2015

中都有关于文化建设与管理的法律条文和法律规定，而且很早就在法律中对文化管理作出了一定规定。发达国家有关的法律法规既包括财政、税收，也包括管理权限，民间组织、社会文化艺术团体组织的运营，社会文化慈善事业等。法国和日本等发达国家的文化法律制度更为健全完善。"① 发达国家公益文化建设和管理的法治化对于我们的启示：一是建立健全我国农村公益文化事业建设的法律法规体系；二是制定相应的法律法规，加大对分散于各地农村的文化遗产的发现、保护与开发利用工作。

五、充分挖掘利用社会资源和已有资源发展农村公益文化事业

充分挖掘和利用社会资源与文化资源，是推进我国落后农村公益文化建设的必要条件。通过挖掘和利用社会资源，提高农村公益文化服务水平；通过提高农村文化资源的利用效率，提升农村公益文化服务的数量和质量。

（一）加大农村文化组织的培育和管理

培育和发展我国落后农村的文化组织。文化是人们实践的结果，没有人民群众的实践活动，就没有文化的发展，也就不会有中华优秀传统文化的传承与弘扬，不会有社会主义先进文化的发展。在我国农村公益文化创新发展中，人民群众是公益文化发展的主体和真正的依靠力量，政府是公益文化发展的主导力量，发挥着引导和推动作用，农村文化组织是农村文化活动开展的具体协调机构，发挥着沟通农民群众与政府以及文化事业单位的桥梁纽带作用。对我国落后农村公益文化建设来说，要通过鼓励和引导广大农民群众形成农村文化组织，并积极参加文化组织，最大限度地发挥农村群众的主体作用。要通过大量的农村文化组织，协调农民群众和政府以及文化事业单位的关系，最大限度地调动各方面的积极性和主动性。目前，我国落后农村文化组织的培育还不够，很多相关事务完全由行政部门来执行，这对于农村公益文化事业的发展有一定的影响。

加强对农村文化组织和服务组织的引导与管理。政府既要对农村文化组织进行有效的业务指导，又要对它们开展的文化活动进行监督，既要鼓励它们

---

① 王富军.农村公共文化服务体系建设研究［D］.福建师范大学，2012

积极组织文化活动，又要引导它们开展积极健康向上的文化活动与服务。要不断完善适应农村公益文化发展的法律法规和制度体系，形成适应农村文化组织的运行规则，培育它们的社会责任感，保证农村文化组织为农村公益文化事业服务，为社会主义先进文化服务。

引导农村文化组织发挥应有的作用。发达国家培育和发展民间组织促进文化发展对于我们的启示：要引导农村文化组织充分发挥作用，通过作用的发挥促进其成长。在一些发达国家，民间组织在文化建设中发挥着重要的作用，"加拿大各种文化艺术节就基本上由民间组织来承办，包括一些对外文化交流的文化节，政府一般是将其授予民间组织承办，政府只起一个支持作用，民间文化组织以此获得一定资金收入。"①其他发达国家同样非常重视民间文化组织的培育和利用。在我国当前农村公益文化建设中培育和发展农村文化组织，引导它们发挥积极作用，对于促进农村文化发展具有重要意义。

（二）重视农村社区文化的作用

农村社区文化的发展，能够提高地区文化资源的利用效率，提高区域文化服务的数量和质量。西方发达国家社区文化服务发展较好，政府依托社区和社会组织向群众提供公益文化服务。社区和社会组织为人民群众提供公益文化服务可以节省成本，提高资源利用效率。我国落后农村公益文化设施建设与服务，不能完全照搬西方模式，但应该借鉴它们的一些合理做法。我国落后农村公益文化服务应该是建立在国家主导的政府组织服务基础上的农村社区或社会组织服务。因为单纯依靠政府组织，政府没有这个力量，而且也只能是低水平的服务，要提高服务数量和质量就必须以社会组织的农村社区服务为补充。

我国落后农村文化工作者要注意发挥自身的服务作用，要根据农村群众的兴趣爱好、年龄结构、文化层次等，组织文化活动兴趣小组，开展各种文化活动。一方面，我国农村社会是以"亲属"关系为主的松散社会，有很多村子可能是一个大家族组成，或者由几个家族组成。另一方面，一些村民也传承了优秀传统文化中的观念，他们对发展农村公益文化建设有一定的促进作用。如，农村优秀的有威望的文化人具有较高的话语权。农村公益文化建设要充分发挥

---

① 王富军. 农村公共文化服务体系建设研究［D］. 福建师范大学，2012

他们的优势，通过他们的示范带动作用，引导农村群众积极参与公益文化活动，在文化活动中逐渐改变落后的思想观念。因此，在农村公益文化活动与服务中，文化工作者必须抓住农村的特殊性，根据农村具体实际采取灵活多样的措施，开展公益文化活动。

（三）充分利用地方文化资源，创新服务内容和形式

西方国家公益文化服务机构提供综合性服务对于我们的启示：充分发挥农村文化资源，提高服务效益。一是充分利用当前我国落后农村综合文化活动中心或文化站等提供农村公益文化活动与服务。目前，我国有相当一部分乡镇文化活动中心或文化站的服务工作不到位、服务形式相对单调，文化工作者的积极性、主动性不够。各地乡镇领导要主动抓农村文化建设，调动文化工作者的积极性、主动性，用足现有的公益文化设施，创新服务内容与形式，提高文化服务水平。二是指导和培育业余文化组织。当前我国落后农村公益文化服务建设，要借鉴发达国家公益文化活动的运行方式。发达国家的公益文化服务机构在提供服务的同时，充分发挥了社区退休理论工作者、艺术工作者、体育工作者的作用，由这些人组成各种业余文化组织，并对业余文化组织、俱乐部等给予指导。

第七章
我国落后农村公益文化设施
建设与服务的现状

随着党和政府对农村公益文化建设的日益重视，我国落后农村公益文化设施建设与服务滞后的状况总体上得到了一定的解决，农村群众的文化生活不断得到丰富。

第一节　我国落后农村广播影视设施基本全覆盖

近年来，我国加大推进落后农村广播影视设施建设，农村广播电视村村通、户户通工程已基本完成了目标和任务。

一、广播电视村村通、户户通工程基本完成

我国农村广播电视村村通、户户通工程已基本完成。"2016年，（我国集中连片特困地区农村）所在自然村通电话、所在自然村通宽带、所在自然村接收有线电视信号的农户比重分别为99.9%、77.4%和93.4%，比上年分别提高0.2、7.4、3.0个百分点。"① 在"政策的强力引导和文化部门及各类社会主体的努力推动下，广大群众尤其是农村群众的文化'获得感'大有提升。农村广播电视村村通、户户通工程的实施使得目前广播电视覆盖率达98%"。② 有些地方的村村通、户户通工程推进得较快。"截至2013年6月，重庆市广播电视村村通工程提前完成。完成3393个已通电行政村、6099个50户以上自然村、10323个20户以上自然村的村村通建设任务。"③

我国农村广播影视公共服务体系基本建立。《中国农村扶贫开发纲要（2011—2020年）》强调："2015年，基本建立广播影视公共服务体系，实现已通电20户以下自然村广播电视全覆盖，基本实现广播电视户户通，力争实现每个县拥有1家数字电影院，每个行政村每月放映1场数字电影；行政村基本通宽带，自然村和交通沿线通信信号基本覆盖。到2020年，健全完善广播影视公共服务体系，全面实现广播电视户户通；自然村基本实现通宽带"④。有些落后农村提前完成基本任务。"截至2015年底，云南省国家级重点贫困县——剑川县，积极开展广播电视村村通、户户通工程建设。完成8924户广播电视村村通工程建设任务，户户通第一、二批建设任务7711户，开通数字电视用户26896户，实现全县8个乡镇广播电视全覆盖。"⑤ "十二五"时期，我国加大农村广播电视村村通、户户通工程建设，农村广播电视覆盖率已达98%。⑥通过农村广播电视村村通、户户通工程，方便农村群众在家免费听广播、看电视，极大地提高了农村群众共享文化发展成果的程度。

---

① 中国农村贫困监测报告2017［M］.北京：中国统计出版社，2017：69
② "十二五"期间我国文化改革发展成就综述［EB/OL］.新华网，2015-10-27
③ 重庆市文化广播电视局网站，2013-06-19
④ 中国农村扶贫开发纲要（2011—2020年）［M］.北京：人民出版社，2011
⑤ 云南省文化厅网站，2015-12-01
⑥ 雒树刚："十二五"我国文化改革发展取得辉煌成就［N］.经济日报，2015-10-12

二、扎实推进农村电影放映工程

农村电影放映工程是农村群众家门口看电影的民生工程。进入"十一五"以来，农村电影放映工作确立了"企业经营、市场运作、政府买服务"的新思路。据统计，截至 2010 年 8 月底，全国已组建院线制、股份制的农村数字电影院 229 家，所辖多种形式的数字电影放映队 39182 支。2010 年放映电影 800 万场，基本实现一村一月一场电影的公益服务目标，全国农村基本完成胶片放映向数字放映的过渡，广大农村群众看电影难的问题将基本解决。①

"十二五"时期，我国农村电影放映工程"保证农民每个月能免费看到一场电影。全国每年为农民放映 800 多万场"②。党的十八大以来，我国农村电影放映工作者不断创新理念，拓宽工作思路，立足于党和国家对"三农"的要求，以及农村群众的需要，在宣传党和国家方针政策、普法守法用法、食品安全等领域做了大量工作。如，青海惠民数字电影院线公司在农村公益电影工程每个行政村"一月一场"电影放映过程中，及时给农村群众送去党和政府的声音，送去生态环境保护、农村生育与致富、肝包虫疾病的预防和治疗、法治建设常识、精准扶贫、脱贫攻坚以及《不破楼兰终不还——宁夏六盘山区精准扶贫工作纪实》等宣传片。四川省广汉市农村电影放映队利用农村公益电影放映平台，给农村群众及时播放《农村中小学食品安全常识》《饮水与健康》《儿童成长与健康饮食》等科教片，产生了良好的社会效益。

第二节　我国落后农村乡镇综合文化站实现全覆盖

近年来，随着落后农村乡镇综合文化站和村级综合文化室等一系列重大文化设施建设项目的顺利实施，贫困农村公益文化设施条件得到了极大的改善。

一、加大乡镇综合文化活动中心（站）建设的投入

各级政府加大乡镇综合文化活动中心（站）建设的投入。"十一五"时

---

① 国家发展和改革委员会. 农村基础设施建设发展报告（2011 年）. 内部资料，2011
② 雒树刚："十二五"我国文化改革发展取得辉煌成就［N］. 经济日报，2015-10-12

期，为推进农村公益文化设施建设，国家发展改革委会同文化部制定了《全国"十一五"乡镇综合文化站建设规划》，重点解决没有乡镇综合文化站和乡镇综合文化站面积在 50 平方米以下的"空白点"。2007 年国家开始启动乡镇综合文化站建设试点，并累计投入中央预算内投资约 39.5 亿元，带动地方投资近 40 亿元，支持中西部地区建设约 2.2 万个乡镇综合文化站。2011 年底已完工约 1.12 万个，各级财政积极配合乡镇综合文化站建设，为每个建成的乡镇文化站配备了必要的文体设施，充实基层文化站力量。待全部建成后，将基本实现"乡乡有文化站"的规划目标。[①] 近年来，国家不断加大农村特别是落后农村文化设施建设的投入，"据统计，'十三五'以来，文化和旅游部通过组织实施重大文化工程项目，为深度贫困地区安排文化方面中央转移支付资金约 25.8 亿元；22 个省市对口支援规划中，共落实文化建设资金约 10 亿元；各地方文化部门利用自身资源，开展各项活动，共投入资金约 1.66 亿元。"[②] 在国家和社会各方面力量的支持下，落后农村文化建设取得了积极成效。

表 7-1　2011 年我国公共文化设施建设调查

类别 程度	县公共图书馆	县级文化馆	乡镇（街道）文化站
数量（个）	2491	2862	38736
覆盖率（%）	87.16	100	94.8

资料来源：《关于公共文化服务体系建设的调研报告》，《光明日报》2011 年 10 月 17 日。

　　因地制宜，增强农村公益文化设施建设经费支持力度。随着我国农村公益文化事业的发展，各地农村公益文化设施建设的投入方式日趋多样化，乡镇综合文化站建设投入大幅增长。"云南省从 2009 年起，每年按照农民人均 0.50 元的标准安排文化惠农活动补助经费。2009—2010 年，省级财政共安排文化惠农专项资金 3764 万元。四川省成都市把乡镇（街道）综合文化站（中心）活动经费纳入财政预算，城区人均文化经费每人每年按 6~10 元标准纳入财政

① 国家发展和改革委员会.农村基础设施建设发展报告（2011 年）.内部资料，2011
② 支持深度贫困地区文化建设工作会议在青海西宁召开［N］.中国文化报，2018-07-20

预算，远郊区县每人每年按 2 元标准转移支付。"① "福建省引导、鼓励社会力量捐赠文化设施建设……河北霸州市设立文化发展基金，把重点文化设施、公益性文化服务列入财政预算，每年对文化建设的投入增幅不低于市财政经常性收入的增幅。多样化的公共文化服务投入方式，成为公共文化服务体系建设的有力保证。"②

进一步加大贫困农村文化建设投入，推进落后农村公益文化设施建设。"十二五"时期，国家出台了《全国"十二五"乡镇综合文化站建设规划》，进一步加快了我国农村公益文化设施建设的步伐。"贵州省在'十二五'期间多渠道投入近 3 亿元，全面完成乡镇综合文化站建设项目 1200 多个"③。近年来，我国加大了落后农村公益文化设施建设。"十二五"期间，"国家和西藏自治区对乡镇文化站等重点公共文化设施建设项目投入达 13 亿余元，每年安排的免费开放、资源建设、设备配备等专项资金超过 1 亿元。"④ 西藏公益文化设施建设取得了显著成绩，人民群众文化需求日益得到满足。"2015 年，湖南省坚持文化专项资金重点向农村贫困地区倾斜、优先安排，引导贫困地区积极探索'小财政'办'大文化'的新路子；在集中连片特殊困难地区县和国家扶贫开发工作重点县，启动建设县级剧团综合性排练场所，投资 10432 万元年内建成 400 个村级综合文化服务中心示范点，为每个县级文化馆配备 1 辆流动文化车，推动文化设施共建共享。"⑤

中央财政加大对落后农村公益文化设施建设的支持。《中国农村扶贫开发纲要（2011—2020 年）》提出："健全农村公共文化服务体系，基本实现每个国家扶贫开发工作重点县（以下简称重点县）有图书馆、文化馆，乡镇有综合文化站，行政村有文化活动室。以公共文化建设促进农村廉政文化建设。"⑥ 党的十七届六中全会《决定》指出："要以农村和中西部地区为重点，加强乡镇综合文化站、村文化室建设，深入实施广播电视村村通、文化信息资源共

---

① ② 关于公共文化服务体系建设的调研报告［N］. 光明日报，2011-10-17
③ 贵州："十二五"投资 3 亿元建千余个乡镇文化站［N］. 中国文化报，2014-12-02
④ 西藏自治区文化厅网站，2016-05-30
⑤ 湖南省文化厅网站，2016-02-02
⑥ 中国农村扶贫开发纲要（2011—2020 年）［M］. 北京：人民出版社，2011

享、农村电影放映、农家书屋等文化惠民工程，推动公共文化设施建设向城乡基层倾斜。"① "截至 2015 年底，中央投资 92.23 亿元，基本完成对 20 户以下已通电自然村广播电视覆盖" "截至 2015 年底，实现 100% 行政村通电话，100% 乡镇通宽带，农村地区互联网宽带接入端口超过 1.3 亿个。"②

二、乡镇综合文化站建设取得新成效

近年来，我国实施了落后地区乡镇综合文化站和村级综合文化室等一系列重大文化设施建设项目，极大地改善了贫困农村公益文化设施条件。"截至 2016 年底，贫困地区农村 79.7% 农户所在的自然村上幼儿园便利，84.9% 的农户所在的自然村上小学便利；我国集中连片特困地区和扶贫重点县有文化活动室行政村的比重分别为 86.6% 和 86.2%"③，覆盖城乡的公共文化服务网络正在形成。近年来，西藏自治区大力实施各级图书馆以及乡镇综合文化站等文化设施建设，努力完善农村公益文化设施建设与服务网络，为农村群众参与文化活动、享受文化建设成果、促进优秀公共文化资源的广泛传播提供了较为完备的设施条件。"2015 年底，西藏实现乡乡有综合文化站、53% 的县民间艺术团有排练场所的目标，公共文化设施总量比'十一五'时期增加 593 个"④，基本形成自治区、地（市）、县、乡四级公共文化设施网络。积极推进公共数字文化服务网络建设，建成乡镇基层服务点 692 个、村基层服务点 5300 余个。

按照《甘肃省委办公厅省政府办公厅关于加快构建现代公共文化服务体系的实施意见》，截至 2017 年底，甘肃实现全省行政村综合文化服务中心、广播电视全覆盖，农村群众读书看报、收听广播、观看电视电影、观赏文艺演出、参观展览、参加文体活动等基本文化权益得到保障。到 2020 年，农村群众体育健身工程基本覆盖，有线广播电视入户率达到 60% 以上，"三馆一站"（公共图书馆、文化馆、博物馆、乡镇综合文化站）覆盖率达到 100%。截至 2016 年 1 月，宁夏落后农村乡镇文化站基本实现了全覆盖（见表 7-2）。除了隆德

---

① 党的十七届六中全会《决定》学习辅导百问［M］.北京：党建读物出版社，2011
② 中国农村贫困监测报告 2016［M］.北京：中国统计出版社，2016：48
③ 中国农村贫困监测报告 2017［M］.北京：中国统计出版社，2017：19~20
④ 西藏自治区文化厅网站，2016-05-30

县乡镇文化站的覆盖率是69.2%，其他县（区）均达到100%。

表7-2 2016年宁夏落后农村文化站数量

县、市（区）\n类　别	原州区	西吉县	隆德县	泾源县	彭阳县	海原县	同心县
乡镇（个）	11	19	13	7	12	18	13
乡镇文化站（个）	11	19	9	7	12	18	13
300平方米以上文化站（个）	10	8	9	5	11	15	7

来源：宁夏回族自治区文化厅中南部九县（区）公共文化服务体系建设基本情况统计表。

总之，在"十二五"期间，"已实现乡乡设有文化站，全国有4万多个乡镇综合文化站"[1]。我国落后农村乡镇综合文化站建设逐渐由原来的从无到有转变为从有到设施完善的阶段，从农村乡镇文化设施建设到提高文化管理和服务的新时期。

第三节　我国落后农村村级文化设施建设基本全覆盖

近年来，党和政府更加重视落后农村的发展，各级政府加大对落后农村的投入力度，落后农村的公益文化建设明显加快。落后农村文化信息资源共享工程村级服务点基本实现村村通，村级文化室建设趋于完善。

一、文化信息资源共享工程村级服务点基本实现村村通

2002年4月以来，我国实施文化信息资源共享工程，利用现代通信技术，"对优秀文化信息资源进行数字化加工、整合，通过卫星网、互联网、镜像、移动存储、光盘等手段将资源传输到基层，尤其是地域辽阔、人口众多的农村，为广大群众提供公益性服务，实现优秀文化信息资源在全国范围内的共建共享"[2]。文化部门严格落实"向基层倾斜、向农村倾斜"的政策，不断优化城乡公益文化资源配置，积极推进文化惠民工程。"截至2017年8月，全国

① 雒树刚："十二五"我国文化改革发展取得辉煌成就［N］.经济日报，2015-10-12
② 张秀莲.我国农村基础设施投入及其影响因素研究［D］.南京农业大学，2012

文化信息资源共享工程已建成 35000 多个乡镇（街道）基层服务点、60 万个村（社区）基层服务点，基本实现覆盖所有乡镇、行政村，让广大群众可以就近方便浏览网上公共文化资源。"①"全国文化信息资源共享工程资源总量达到 108TB，村级服务点基本实现村村通。山东省专门为农民群众建设'山东新农村网上图书馆'，创造了互联网＋卫星的分布式视频点播技术的'山东模式'，并通过网络电视启动了文化共享工程进万家服务平台。云南设立了'文化信息资源共享工程农民素质教育网络培训学校'，全省共建成'农文网培学校'408 所，在建 244 所，举办培训 7500 多期，免费培训农民群众 23 万人次。"②"主要是通过五大工程……五是农村数字文化工程，通过互联网将文化信息送到村一级。"③

二、行政村文化室建设趋于完善

"十二五"时期，全国有 60 多万个农家书屋。④ 重庆市 14 个国家级贫困区县的村文化室达到 100%。⑤"十二五"期间，山东省乡村文化活动室（文化大院）覆盖率达 94.8%。⑥ 安徽省加大资源整合，推进基层综合性文化服务中心建设，按照"七个一"（一个文化活动广场，一个文化活动室，一个简易戏台，一个宣传栏，一套文化器材，一套广播器材和一套体育器材）标准，2016 年建设 239 个村级综合文化服务中心。为国家级贫困县配备用于图书借阅、文艺演出、电影放映等服务的流动文化车。⑦ 截至 2016 年 1 月，宁夏落后农村行政村文化室建设基本实现了全覆盖。（见表 7-3）

从表 7-3 可以看出，宁夏除了同心县行政村文化室比例只有 18.8%，其他县（区）都实现了 100% 的全覆盖。另外，在宁夏各级文化部门的大力支持下，农民文化大院发展也取得了一定的成效。农民文化大院极大地丰富了农村群众的文化生活，在自娱自乐中也宣传了党的大政方针，提高了农村群众的基本素养。

---

① 来自中华人民共和国文化与旅游部网站，2017-08-01
② 关于公共文化服务体系建设的调研报告［N］.光明日报，2011-10-17
③④ 雒树刚："十二五"我国文化改革发展取得辉煌成就［N］.经济日报，2015-10-12
⑤ 重庆市文化委员会网站，2014-06-05
⑥ 山东省文化厅网站，2016-01-19
⑦ 安徽省文化厅网站，2016-06-30

表 7-3　2016 年宁夏落后农村行政村文化室建设情况

县、市（区） 类　别	原州区	西吉县	隆德县	泾源县	彭阳县	海原县	同心县
行政村（个）	153	298	118	106	156	167	154
村文化室（个）	153	298	118	106	156	167	29
农民文化大院（个）	22	18	38	11	40	31	31

来源：宁夏回族自治区文化厅中南部九县（区）公共文化服务体系建设基本情况统计表。

三、自然村文化社团建设进展向好

在我国落后农村公益文化事业发展中，"文化部按照'宏观布局、统筹指导、抓住重点、整体推进'的工作思路，以导向性、示范性、带动性、可持续性为原则"[1]，要求各地以"大舞台""大讲堂""大展台"系列活动为载体，积极开展适合当地群众要求的文化活动，努力做到主题品牌文化活动突出"示范性"、常规群众文化活动突出"参与性"、地方节庆文化活动突出"独特性"。四川省提出"一县一品牌""一乡一特色"的群众文化活动思路，全省 181 个县县县有艺术节。河北省邯郸市组织开展的"欢乐乡村"活动，通过村、乡、县、市自下而上层层发动，组织开展各种形式的农村文化活动。值得肯定的是，许多地方农村群众积极参与到公益文化活动中，一些文化爱好者走进社团、走上舞台，尽情释放文化激情，展示文化才能，广大农村群众在生动、活泼、持久的文化活动中接受优秀文化熏陶，提升综合文化素养。目前，在云南省国家级重点贫困县——剑川县，"农村业余文艺队伍已达 300 多支，其中文艺骨干队伍有 30 多支。文化骨干长期深入农村基层开展舞蹈、三弦、唢呐、白曲培训辅导工作，每年培训、辅导文艺队伍 20 多次。'十二五'期间，培训农村文艺队队长及骨干 180 人次，完善巩固基层 21 个文化活动基地。完善农村文化活动设备，为文艺队发放价值 5000 元的便携式音箱 88 套"[2]。近年来，宁

---

① 让每个公民都能共享文化阳光——关于公共文化服务体系建设的调研报告［N］. 光明日报，2011-10-17
② 云南省文化厅网站，2015-12-01

夏落后农村民间文艺团队建设也有一定的发展。（见表7-4）

表7-4　2016年宁夏落后农村民间文艺团队情况

类　别　＼县、市（区）	原州区	西吉县	隆德县	泾源县	彭阳县	海原县	同心县
行政村（个）	153	298	118	106	156	167	154
民间文艺团队（个）	120	13	102	23	27	98	18

来源：宁夏回族自治区文化厅中南部九县（区）公共文化服务体系建设基本情况统计表。

当然，从表7-4统计的情况也能够看出，落后农村民间文艺团队的发展也不平衡。尽管这样，这些现有的农村文艺队伍，对活跃落后农村的文化生活发挥了重要的作用。

第四节　我国落后农村公益文化设施建设与服务的趋向分析

随着落后农村绝对贫困人口的整体脱贫，建立解决相对贫困的长效机制，成为落后农村的主要抓手之一。因此，推进落后农村公益文化设施建设与服务，要服务于落后农村的根本脱贫及实施乡村振兴战略的要求。

一、精准实施农村公益文化设施建设

在落后农村脱贫过程中，文化扶贫具有根本性。相关省（区）的文化部门在文化扶贫方面制定了实施意见，提出了明确的要求，为加强和完善我国落后农村公益文化设施建设提出了具体要求。

加强县级公益文化设施建设。县（区）文化部门在完成县（区）公益文化设施建设、人员队伍配备现状调查摸底的基础上，重点补齐县（区）公益文化设施建设的"短板"，落实县（区）公益文化设施建设中填空白、补短板的目标和任务。协调推进新建项目。比如，宁夏启动隆德县图书馆、博物馆建设，

文化馆抓紧施工设计等工作。[①] 宁夏回族自治区出台《关于加快构建现代公共文化服务体系的实施意见》，提出到2020年，建成同心县图书馆、原州区图书馆、彭阳县图书馆、泾源县"两馆"（图书馆、文化馆）。

实现乡镇综合文化站全覆盖。推进落后农村文化设施网络体系和服务内容建设，"截至2015年底，重庆市14个贫困区县累计新建成乡镇综合文化站264个，实现乡镇级全覆盖；建成街道综合文化站42个，实现城镇街道全覆盖"[②]。宁夏回族自治区出台《关于加快构建现代公共文化服务体系的实施意见》，提出到2020年，新建8个标准化乡镇综合文化站。宁夏回族自治区党委宣传部、文化厅、发展改革委、民委、财政厅、新闻出版广电局、体育局、扶贫办等八部门联合印发《自治区贯彻落实"十三五"时期贫困地区公共文化服务体系建设规划纲要实施方案》。"《实施方案》针对中南部九县（区）公共文化服务体系短板，提出采取精准措施构建公共文化服务体系，促进贫困地区基本公共文化均衡发展。《实施方案》要求，到2018年，宁夏中南部九县（区）'两馆'和乡镇综合文化站全覆盖"[③]。"每年计划新建10个标准化乡镇综合文化站，建筑面积400平方米，配套建设1000~3000平方米文体广场、群众舞台、篮球场、健身路径等设施。"[④]

实施村文化中心全覆盖。近年来，重庆市文化系统高度重视文化扶贫工作，"到2017年底，全市文化系统拟投入资金8.2亿元支持贫困地区扶贫攻坚。鼓励区县通过民办公助等方式，在每个村建设1~2户文化中心户，市级给予奖励性资助，到2017年底，实现18个国贫（市贫）区县4944个村文化中心户全覆盖。"[⑤] 云南省武定县东坡乡紧扣文化扶贫工作任务，"集中调研贫困村基础设施建设情况，摸清底数、找准靶心，编制四级文化扶贫攻坚建设规划。集中优势、整合资源，把文化基础设施和文化广场提升改造工程纳入财政'一事一议''美丽乡村'和'民族团结示范村'建设项目，达到文化创建'十

---

① 宁夏回族自治区文化厅网站，2016-04-21
②⑤ 重庆市文化委员会网站，2016-04-19
③ 郭一凡.宁夏部署"十三五"贫困地区公共文化服务体系建设［N］.中国文化报，2016-06-22
④ 宁夏回族自治区文化厅网站，2016-06-16

有标准'，建成 10 个乡村文化室。"① 山东省文化部门整合文化资源，统筹推进公益文化设施建设。"汇聚各类文化资源向贫困村倾斜，重点面向全省 7005 个省定贫困村，实施综合性文化活动室全覆盖攻坚工程，实现村村建成综合性文化活动室，每个贫困村的综合性文化活动室面积不低于 80 平方米，鼓励有条件的村建设戏台舞台。2016 年综合性文化活动室覆盖率达到 60%，2017 年达到 80%，2018 年实现全覆盖。2016 年，通过政府采购，实现便携式移动音响全覆盖。"② 宁夏回族自治区《关于加快构建现代公共文化服务体系的实施意见》提出："到 2020 年，在中南部 9 个县（区）建成 110 个示范村综合文化服务中心。"《宁夏回族自治区贯彻落实〈"十三五"时期贫困地区公共文化服务体系建设规划纲要〉实施方案》提出："到 2018 年，宁夏中南部 9 个贫困县（区）村综合文化服务中心、村（社区）综合文化服务中心基本达到'八个一'标准，即有 1 间党员远程教育室、1 间多功能文化活动室（可与党员活动室共用，面积以现有党员活动室为准）、1 个 50 平方米左右简易戏台、1 套数字电影放映器材、1 套体育健身设施（含 1 个篮球场、2 个乒乓球台、1 套体育健身器材）。"2015 年 6 月开始，"两年内，湖南省将结合文化精准扶贫工作目标，在集中连片特殊困难地区县和国家扶贫开发工作重点县选取 688 个村建设村级综合文化服务中心示范点，其中 2016 年建设 400 个，2017 年建设 288 个，以这 688 个示范点为带动，实现贫困地区村村有文体广场和文化活动中心。同时，两年内，还要实现示范县和省直管县一半以上的村建有文体广场和文化活动中心，以此推动全省基层综合性文化服务中心的建设。"③

建设村文化活动广场。云南省武定县东坡乡"建设 3 块标准化灯光球场和 16 块民族文化活动小广场，推进了贫困村公益文化建设"④。山东省文化部门"在未来几年村村建起文体小广场，文体小广场面积不低于 500 平方米，配套阅报栏、电子阅报屏、公益广告牌、健身路径、灯光、有源音箱等设施设

---

①④ 云南省文化厅网站，2016-01-13
② 山东省文化厅网站，2016-03-22
③ 湖南省文化厅网站，2016-04-06

备"①。《宁夏自治区贯彻落实〈"十三五"时期贫困地区公共文化服务体系建设规划纲要〉实施方案》提出：到2018年，宁夏中南部9个贫困县（区）村建成1个文体广场（不少于500平方米），配备1套文化活动器材（含1套音响和部分乐器）。国家级贫困县湖南邵阳县遵循"统筹规划、整合资源、因地制宜、合力推进、务求实效"的原则，成立由分管县领导牵头，县财政局、发改局、文广新局、国土局、建设局等职能部门共同参与，在建设用地税费等方面给予减免，县级财政每年投入经费100万元，在全县大力实施文化广场建设工程。"截至2016年初，该县建设完成农村文化广场67个，占地面积68000平方米，硬化面积66850平方米，共投资750万元。农村文化广场建设为进一步提高广大群众的文化素养和文化生活提供了一个快欢的平台。"②

促进村图书馆建设。近年来，村级图书馆事业有了较快发展。首先，村级文化室设置率提升。"截至2016年初，与2008年数据相比，重庆市村级文化室设置率从40%提增到100%。其次，村级公共图书馆人均藏书量大幅度增加。与2008年数据相比，重庆市村级文化室公共图书馆人均藏书量实现翻一番，从0.11册提增到0.23册。"③到"2017年底，实现村（社区）综合文化服务中心年新增图书不少于60种，年提供报刊不少于2种"④。再次，村级文化馆、图书馆从业人员达到398个，增加72人；文化志愿者队伍达到1500余人。文化馆文艺培训次数增长9倍，从8897人次提增到83138人次。⑤《宁夏回族自治区贯彻落实〈"十三五"时期贫困地区公共文化服务体系建设规划纲要〉实施方案》提出：到2018年，宁夏中南部9个贫困县（区）村建成1间图书阅览室（藏书不少于1500册，含文化资源信息共享工程基层服务点）。

建设农村文化大院，扶持贫困村建成农村文艺团队。宁夏回族自治区文化厅《关于申报2016年全区示范性综合文化服务中心、农村文艺团队、农民文化大院扶持项目的通知》提出："建立40个农民文化大院，给予文化设备器材，支持基层特别是贫困村开展形式多样的文化活动。"宁夏回族自治区《关

---

① 山东省文化厅网站，2016-03-22
② 湖南省文化厅网站，2016-02-18
③④⑤ 重庆市文化委员会网站，2016-04-19

于加快构建现代公共文化服务体系的实施意见》提出："到 2020 年，在中南部九县（区）扶持 101 个示范农民文化大院"；《关于申报 2016 年全区示范性综合文化服务中心、农村文艺团队、农民文化大院扶持项目的通知》提出，要"自下而上筛选确定 60 个农村文艺团队"。宁夏回族自治区《关于加快构建现代公共文化服务体系的实施意见》提出，"到 2020 年，在中南部九县（区）建成 20 个示范性民间文艺团队。"

充分发挥文化志愿者在村级公益文化服务领域的示范作用。为充分发挥文化志愿者在村级公益文化服务中的示范作用，保障贫困农村群众基本文化权益和提供人才支撑，进一步增强村级公益文化建设的内生动力，湖南省文化厅、文明办于 2016 年起，组织实施"阳光工程"——湖南省贫困地区及省级现代公共文化服务体系创建示范区农村文化志愿服务行动试点。"试点范围囊括湖南省 48 个集中连片特殊困难地区县和国家扶贫开发重点县以及 14 个省级现代公共文化服务体系创建示范县（重叠 6 个），另外省文化厅 3 个联系点（会同县、洞口县、浏阳市）和长沙县纳入其中。每个县招募 1～2 名文化志愿者，共 60 名农村文化志愿者，配备到 60 个行政村，开展为期一年的文化志愿服务。逐步实现湖南省文化志愿者在村级公益文化岗位全覆盖。"[1] 文化志愿者根据本村文化需求，在村委会的领导和县文广局、乡镇文化站的指导下，提出并组织实施村级文化建设规划，宣传党的创新理论以及路线、方针和政策，带头弘扬和践行社会主义核心价值观。组织开展移风易俗等精神文明创建活动以及农村群众喜闻乐见的演出等公益文化活动。维护村级文化活动室、图书室（农家书屋）等公益文化设施。"辅导和培训本村群众文艺骨干和文艺爱好者。配合当地政府和文化主管部门，积极做好文化遗产的宣传和保护、文化市场管理、农村文化产业发展等工作。协助村委会和乡镇综合文化站做好各项农村文化工作等。"[2] 近年来，宁夏落后农村公益文化建设中注重志愿队伍和乡土人才的培养，有些县（区）有一定的发展规模。（见表 7-5）

---

[1][2] 湖南省文化厅网站，2016-04-06

表 7-5　2017 年宁夏落后农村公益文化人才培养情况

县、市（区） 类　别	原州区	西吉县	隆德县	泾源县	彭阳县	海原县	同心县
文化志愿者（人）	145	144	9	20	8	42	56
乡土技术人才（人）	148	160	170	85	120	180	130

来源：宁夏回族自治区文化厅中南部九县（区）公共文化服务体系建设基本情况统计表。

二、精准推进农村文化惠民工程

推动农村公益文化服务发展。宁夏回族自治区文化厅出台《关于做好政府向社会力量购买公共文化服务工作的实施意见》，推动农村公益文化服务发展。下发《关于在全区扎实开展"送戏下乡"活动的通知》《关于组织开展2016 年"欢乐宁夏"全区群众文艺会演活动的通知》，对"送戏下乡"1600场任务作出安排。组织全区文化系统举办第十二届全区社火大赛、全区首届群众书法绘画摄影大赛、"三下乡"等十大类 237 项文化活动，营造了欢乐祥和的节日氛围。重庆市文化委员会突出抓好政府购买演出服务，逐步"实现市级每年为区县购买演出不少于 10 场，区县为乡镇购买演出不少于 4 场，乡镇为村购买演出不少于 4 场"。[①]云南省武定县东坡乡"把'送文化'与'扶文化'有机结合。全乡有 3 支文艺队和 9 支广场舞协会常年活跃在基层，开展'创建公共文化服务体系''平安创建'等主题巡回演出，并利用重大节日举办广场舞表演赛。每年给予 5 万元文艺队经费补助，真正把舞台交给群众，让群众成为文化活动的主角"[②]。山东省文化部门在办好文化惠民实事上下工夫，组织开展丰富多彩的群众文化活动。"2016 年冬春文化惠民演出活动期间，全省专业文艺院团举办各类演出 3000 余场，组织规模较大群众文化活动 3148项"[③]，美术展览（美术下乡惠民）活动 67 场，非遗展演展示活动 390 场；下一步，将扎实推进文化下乡，重点面向偏远地区、落后地区"送文化"，向贫困人群、弱势群体提供优惠服务，丰富群众文化生活；组织全省 108 个国有

[①] 重庆市文化委员会网站，2016-04-19
[②] 云南省文化厅网站，2016-01-13
[③] 苏锐.山东：文化扶贫　精准发力［N］.中国文化报，2016-03-01

文艺院团及庄户剧团、民营剧团，开展"千团大战、送戏入村"，确保实现每个贫困村一村一年一场戏。"在省定贫困村中培育扶持一批庄户剧团，纳入政府购买服务，常态化开展文艺演出活动，留下一支'永不走'的文化工作队。"①2012年，西藏公共文化设施全面实现免费开放以来，国家和自治区每年安排免费开放资金3000余万元，各级各类公益文化设施的服务数量、质量逐年显著提升，公共文化建设实现质的跨越，"2015年，全区各级公共文化设施开展免费开放活动2.28万次，受益群众达到450余万人次"②，有效满足了人民群众就近便捷地享受公共文化服务的需求。西藏"全区民间艺术团年下乡演出突破4900场次，基本形成了'鼓励基层群众进城演出，支持专业文艺团体下乡演出'的文艺演出机制"③。云南省国家级重点贫困县剑川县要求："一是村文化活动室年均组织文化活动不少于120次。二是各乡镇文化站也积极开展农村群众文艺展演，举办培训班、讲座等文体活动。三是阿鹏艺术团每年送戏下乡70多场次，让广大群众在自家门前欣赏文化节目。四是全面实施农村电影'2131'免费电影放映工程，每年完成1200场次的免费电影放映。"④

三、精准推进农村公益文化设施管理与服务工作

文化人才培养与服务。一是培养落后农村文化队伍。农村文化队伍的培养，是推进农村公益文化设施管理与服务工作的核心。山东省登记在册的庄户剧团5600余支，群众文化队伍30余万人，业余文艺骨干45万余人，群众文化辅导团队20万人，有力地支撑了当地农村公益文化发展。二是培养落后农村优秀专业人才。文化部门要创造更多机会培训农村文化人才。如，选派农村优秀文化专业人才到省级文化部门挂职研修；在职称评审、高层次人才推荐、评先树优方面，向农村文化工作者倾斜等。三是完善落后农村专兼职文化队伍。"每村配备一名文化协管员，成立一支秧歌队或群众业余文化团队，定期开展培训。文化专兼职人员每年参加集中培训时间不少于5天，每个村每年开展活动12

① 山东省文化厅网站，2016-03-22
② 孙文娟.共建精神家园　共享文化"盛宴"［N］.西藏日报（汉），2016-02-20
③ 西藏自治区文化厅网站，2016-05-30
④ 云南省文化厅网站，2015-12-01

次以上。积极搭建平台，鼓励文化志愿者进村服务。组织各级公益文化服务机构对贫困村文化活动进行指导支持，确保文化活动开展经常化。"① 四是培训落后农村文化管理人员和文化能人。宁夏举办全区文化精准扶贫暨"春雨工程大讲堂"贫困地区文化业务骨干培训班，特邀文化部 5 位国家公共文化巡讲专家，重点围绕构建公共文化服务体系、志愿服务组织与策划、基层群众性文化活动策划与组织开展、国家及自治区《关于加快构建现代公共文化服务体系的实施意见》及配套政策文件解读、乡村文化建设等方面，对全区中南部 9 个贫困县（区）的文化馆长、图书馆长、文化站长、村综合文化服务中心负责人、农民文化大院文化能人等 200 余名基层文化骨干进行全面培训。五是扶持民间艺术团体成长。西藏自治区扶持成立了 74 个县级民间艺术团，演员 1622 人，实现了县县有民间艺术团目标。"全区现有乡村业余文艺演出队 2400 支，民间藏戏队近 140 支，业余演员近 4 万人。"② 落实"三区"人才支持计划，"投入选派和培养经费 3000 余万元，重点用于基层公共文化队伍培训工作，基本完成了对全区公共文化队伍的轮训工作，大幅提高了队伍整体素质。"③

充分发挥农村公益文化的育人功能。充分利用农村群众喜闻乐见的文化形式，比如戏剧、音乐、舞蹈、曲艺、美术、书法等艺术形式，宣传我国精准扶贫精准脱贫的政策，颂扬脱贫攻坚工作中的先进人物、先进事迹，展现脱贫村的新发展、新变化。在落后农村建设一批乡村讲堂，弘扬孝亲敬老的中华传统美德，树立"宁愿苦干，不愿苦熬"的观念，以扶志促扶贫，激发内生动力，为脱贫致富集聚精神力量。

---

① 山东省文化厅网站，2016-03-22
② 孙文娟．共建精神家园　共享文化"盛宴"［N］．西藏日报（汉），2016-02-20
③ 西藏自治区文化厅网站，2016-05-30

第八章
我国落后农村公益文化设施建设
存在的问题

改革开放以来，我国落后农村公益文化设施建设发展较快，农村群众文化生活得到极大改善。但是与发达地区相比，落后农村公益文化设施不完善，公益文化服务难以保障，特别是村集体经济短缺，地方投入农村公益文化设施建设的经费明显不足。同时，存在着布局不合理、基本数量不够、缺乏维护和管理等问题。

第一节　农村公益文化设施简单失衡

落后农村基本上地处山区，经济落后，文化的发展远远落后于全国其他地区。落后地区一些地方农村公益文化设施需要更新，个别农村公益文化设施简单，甚至极个别地方还没有公益文化设施。落后农村广播电视村村通工程虽已基本落实，但许多偏远的自然村原有的设备陈旧，又缺乏有效的后续维护与管理。因此，广播电视收视覆盖率不理想。

一、农村公益文化设施简单落后

总体上，落后农村新建的文化基础设施和新投入的设备不多。现有的基础设施和设备基本上已经老化，难以满足农村公益文化发展的需要。从调查的情况看，落后农村现有的公益文化设施更新不够，文化管理人员管理理念滞后。现有的文化设施难以满足农村群众日益增长的文化需要。总体上，落后农村公益文化设施设备配套更新不到位，有些陈旧简陋，缺乏吸引力。农家书屋图书更新得比较少，有些是多年前出版的旧书，有些是农村群众不感兴趣的或难以读懂的书籍，导致农村群众很少借阅。一定意义上，农家书屋形同摆设，对农村群众的吸引力不足。个别乡镇综合文化站设备简单。电子阅览室电脑比较老旧，甚至没有电子阅览室；文化活动室只有一个房间，几张木桌子和板凳，几份（本）老旧报纸杂志。在体育运动设施方面，大部分乡村篮球场和乒乓球台都在室外，加上多年缺乏维修，有些场地已无法开展活动。

二、农村公益文化设施布局失衡

农村公益文化设施具有非排他性。也就是说，每个农村群众在乡镇文化活动中心或村文化活动室都应该平等地享有文化服务。但是，由于地理位置、资源禀赋，以及区域发展不平衡等方面的原因，我国不同区域农村公益文化设施的分布不平衡，因而人们真正享有的公共文化资源不尽相同，不同地区和乡镇的群众对公益文化服务的获得感有较大的差距。从调查的情况来看，即使在落后农村，也存在着经济发展状态与文化广场、演艺中心的分布呈正相关的关系，有些经济发展较为落后的村庄根本没有文化广场、文化站等，公益文化设施匮乏。农村公益文化设施布局的失衡，导致了不同乡镇农村群众享受公益文化服务机会的不同，产生了不公平、不和谐的现象。因此，由于经济发展的差异，落后偏远乡村公益文化设施建设与服务有待加强。

第二节 农村公益文化设施利用率不高

落后农村公益文化设施建设有待完善。同时，现有的农村公益文化设施管理水平低，使用效能单一，实用性不够，对农村群众的吸引力不够。

一、农村公益文化设施利用率低

落后农村公益文化设施不能完全满足农村群众对精神文化的需求。据统计，当前我国农村公益文化设施普及率较高。党的十八大以来，"中央有关部门统筹安排财政资金，实施百县万村综合文化中心工程，在集中连片特殊困难地区县和国家扶贫开发工作重点县扶持建设1万个村综合文化服务中心。2016年，又启动贫困地区民族自治县、边境县村综合文化服务中心覆盖工程，实现贫困地区民族自治县、边境县村级文化中心建设的全覆盖。"[①]可以说，村综合文化服务中心极大地满足了农村群众的文化需求。当然，在此基础上农村群众对图书下乡、自然村公共体育场地或文化广场等有着强烈的愿望，但是一些地方还不能满足他们的需求。因而，农村群众对家门口的文化设施与服务提出更高要求。由此可见，提升农村文化设施的建设与服务水平还任重道远。

落后农村文化设施的利用率明显较低，文化服务远远不能满足广大农村群众的精神需求。农民的文化生活明显滞后。"据报道，青岛大学'调研山东'调查团队分别走访了青岛、潍坊、日照、枣庄、临沂、聊城6市，对农民的文化生活现状进行了调研。结果显示：选择在家看电视的占60.7%，位居第一；选择打扑克、搓麻将的占36.7%，位居第二；选择看文艺演出活动的只有10.5%。"[②]"农民在闲暇时间主要以聊天、看电视、打扑克、打麻将等方式消遣时间，只有少数农民看书、读报，这使得一些村镇的文化设施基本处于闲置状态，使用率极低，造成资源的严重浪费。"[③]从调查走访的情况看，"一些乡镇综合文化站和村文化室（综合文化服务中心）文化管理人员不到位，人

---

① 刘阳，郑海鸥.坚定文化自信 开创社会主义文化繁荣新景象——党的十八大以来文化体制改革成效显著［N］.人民日报，2017-07-24
② 秦毅.文化建设别忘了"软"投入 农村文化生活现状堪忧［N］.中国文化报，2012-01-13
③ 宋建钢，狄国忠.加强贫困地区农村公共文化设施建设［N］.学习时报，2012-04-23

员配置比例不完全恰当；有的文化设施管理员身兼数职，不能全身心地投入到文化工作中去；有的文化设施管理人员知识水平有所欠缺，专业技能较低，不利于文化设施的维护和更新。一些乡镇综合文化站和村文化室（综合文化服务中心）的文化设施管理人员队伍流动性很大。由于村文化室（综合文化服务中心）管理人员的待遇较低，管理制度不健全，很多从事农村公共文化设施管理的人员不愿长期从事这项工作。"[1]

二、农村公益文化设施服务单一

农村公益文化设施建设中的问题，除了文化设施建设滞后以及缺乏专业指导之外，还表现在有些落后农村公益文化设施的服务单一，不能满足群众多元的需求。根据相关调查，农村公益文化设施服务单一是其中一个反映比较集中的问题。以农家书屋为例，被调查者认为，农家书屋只能满足农村群众学习阅读的需要。而农村群众的文化需求是多样的，况且相当一部分农村群众由于长期缺乏阅读的习惯，已经对阅读失去信心。他们可能对于其他文化活动感兴趣，要根据不同农村群众的兴趣设计多样的公益文化设施，做到缺什么补什么，最大限度地满足农村群众的文化需求，培养农村群众文化自觉，拓展农村群众文化需求的广度，提高农村公益文化设施使用的有效性。再如，乡村文化广场等文化设施受到不同年龄、不同学历、不同兴趣的农村群众的认可，人们可以在乡村文化广场参与群众性文化活动，跳广场舞、健美操，打腰鼓，还可以散步、聊天等。篮球赛、乒乓球赛、拔河比赛等体育运动都可以在文化广场进行。同时，多样化的农村公益文化设施可以进一步丰富农村群众文化生活。

三、农村公益文化服务水平较低

"一些乡镇综合文化站和村文化室（综合文化服务中心）的文化服务人员专业水平参差不齐，文艺人才趋于老龄化且出现断层，相关文化活动难以有序开展。一些乡镇综合文化站和村文化室（综合文化服务中心）的服务人员缺乏必要的专业指导能力，尤其是对电子阅览室等信息化较强的文化设施缺乏适

---

[1] 狄国忠．宁夏贫困县（区）农村公共文化设施"软件"建设的"硬思维"[J]．宁夏党校学报，2017（4）

度的指导操作水平。一些乡镇由于缺乏有组织能力的文化服务人员，即使有文化广场、篮球场、乒乓球台等操作便利性的文化设施，但大部分地方的农村群众难以自发组织较大规模和经常性的文化活动。因此，他们只能依靠上级文化部门组织开展一些节庆文化活动。"① 因此，农村公益文化服务水平越高，越是得到农村群众的喜欢，公益文化设施的利用率就越高，给群众带来的文化娱乐活动就越丰富。反之，农村公益文化服务的水平越低，农村公益文化设施越是远离群众，给群众带来的文化娱乐活动就越匮乏，群众对相关文化活动的兴趣就越低。

第三节 农村公益文化设施建设与服务的经费难以保障

当前，落后农村公益文化设施与服务的经费还是明显不够。落后农村公益文化建设的费用基本上是国家财政投入，落后地区地方财政都比较困难，用于农村公益文化设施建设与服务的经费比较有限。总体上，落后农村公益文化设施建设与服务的经费难以得到充分的保障。

一、农村公益文化设施建设经费短缺

近年来，尽管我国各级政府对落后农村公益文化设施建设与服务的经费投入比较重视，但经费不足仍然制约着落后农村公益文化设施的正常运转。改革开放以来，政府对落后农村公益文化设施的投资波动明显，使得落后农村公益文化设施建设与农村群众对文化的需求之间存在较大差距。一方面，政府对落后农村公益文化设施建设与服务的经费投入不足；另一方面，有些地方也存在着层层剥夺文化投入经费的现象。同时，我们也看到，落后地方财政十分有限，没有财力投资农村公益文化设施建设与服务。有些乡村文化活动场所由于经费不足，存在被出租、挤占挪用现象。"从文化部门的统计数据来看，'十二五'期间，全国文化事业费占国家财政总支出的比重平均为 0.38%"②。2017 年"全

---

① 狄国忠 . 宁夏贫困县（区）农村公共文化设施"软件"建设的"硬思维"［J］. 宁夏党校学报 . 2017（4）
② 中国文化文物统计年鉴 2016［M］. 北京：国家图书馆出版社，2016

国文化事业费 855.80 亿元，比上年增加 85.11 亿元，增长 11.0%；全国人均文化事业费 61.57 元，比上年增加 5.83 元，增长 10.5%。文化事业费占财政总支出的比重为 0.42%，比重比上年提高 0.01 个百分点"[①]。从人均占有量上看（见表 8-1），全国人均文化事业费由 2000 年的 4.99 元增加到 2015 年的 49.68 元，但这一增长幅度是不平衡的。

表 8-1　1995—2015 年全国人均文化事业费

年　份	1995	2000	2005	2010	2013	2014	2015
人均（元）	2.75	4.99	10.23	0.36	38.99	42.65	49.68

资料来源：《中国文化文物统计年鉴 2016》，国家图书馆出版社，2016 年。

从表 8-1 看，2000 年人均文化事业费比 1995 年增长 81%，2005 年比 2000 年增长 105%，在 2005 年文化事业费增加较多的情况下，2010 年却出现了负增长。国家对文化设施的投资波动明显，给文化事业的发展带来困难。

二、农村公益文化设施建设的经费保障机制有待完善

开展农村公益文化活动需要资金的支持，但是由于落后农村公益文化建设的经费保障机制不完善，政府对落后农村公益文化建设的经费投入不足，有些地方农村文化事业经费严重短缺，制约了当地文化工作的正常开展。在我国，"政权大体上由中央、省（自治区、直辖市）、市（自治州、地区行署）、县（不设区的县级市、自治县）和乡（镇）五级政权组成。与之相适应，我国财政支出有中央支出，省及省以下的财政支出统称为地方财政支出。"[②] 就目前情况来看，落后地区的乡镇、行政村、自然村可支配的财力几乎没有。有些乡镇勉强维持正常运转，至于行政村、自然村没有村集体收入，根本就没有资金可用于公益文化建设。同时，在我国文化建设投资总量不足的情况下，2010 年之前政府在城乡文化事业方面的经费投入也是倾向县以上文化单位。《中华人民共和国文化和旅游部 2017 年文化发展统计公报》统计数据显示：1995 年，全

[①] 中华人民共和国文化和旅游部 2017 年文化发展统计公报［EB/OL］.中华人民共和国文化和旅游部网站，2018-05-31

[②] 沈荣华.中国地方政府学［M］.北京：社会科学文献出版社，2006：253

国文化事业费中，县以上文化单位 24.44 亿元，占 73.2%；县及县以下文化单位 8.95 亿元。2010 年，全国文化事业费中，县以上文化单位 206.65 亿元，占 64%；县及县以下文化单位 116.41 亿元。（见表 8-2）

表 8-2　1995—2017 年全国文化事业费按城乡投入情况

年　份	1995	2000	2005	2010	2015	2016	2017
全国（亿元）	33.39	63.16	133.82	323.06	682.97	770.69	855.80
县以上（亿元）	24.44	46.33	98.12	206.65	352.84	371.01	398.35
县及县以下（亿元）	8.95	16.83	35.70	116.41	330.13	399.68	457.45

数据来源：《中华人民共和国文化和旅游部 2017 年文化发展统计公报》。

从表 8-2 可以看出，我国财政在文化事业方面的公益性投入在相当长的时期主要集中在城市、镇区，对农村的投入相对不足，使得城乡文化差距越来越大。从实际情况来看，落后地区县财政对文化事业的投入较少，特别是农村公益文化的投入几乎没有；由于缺乏有效的政策引导，社会捐助也缺乏动力，使农村公益文化活动经费十分匮乏。有限的资金投入，必然影响农村文化活动的开展。

第四节　农村公益文化设施建设的体制困境

落后农村公益文化设施配置制度在历史演变中具有明显的依赖中央财政的特征。农村公益文化设施配置的初始制度安排作为基本的制度约束，对落后农村公益文化事业的发展发挥了一定的作用，但随着农村的发展还需要完善相关制度安排，以适应乡村振兴战略的需要。

一、农村公益文化设施配置的制度不公平

农村公益文化设施作为公共产品，政府在配置过程中理应遵循"公平性原则"，农村居民与城市居民理应获得公平的文化享有权益，并得到政府财政的经费保障。但新中国成立后的很长一段时期，农村与城市公益文化设施实行"二元"化的配置政策，城市公益文化设施与服务的经费由政府财政提供，而

农村公益文化设施与服务的资金却是制度外筹集，更多的是由农民自己承担。城市居民享受的各种公益文化服务由政府财政支出，农村居民则是由自己进行成本分摊，农村居民没有享受到和城市居民一样的国民待遇，在制度上存在城乡公益文化设施建设与服务的不公平。税费改革后，改变了这种"二元"化的配置政策，国家财政加大了对农村公益文化设施的投入，但仍然存在把城市公益文化设施建设与服务作为财政投入的重点的现象。"从'十一五'前四年的情况看，占全国人口70%以上的农民只占有国家财政对文化投入的30%，而只占30%的城市人口却占据着整个投入的70%以上。"① 由此可见，农村和城市的公益文化投入差距大，从而使农村和城市的公益文化发展形成明显的反差，城市的公益文化设施相对齐全、服务质量较高，城市居民的文化活动丰富多彩，而大多数落后农村的文化设施极其简陋，文化服务和文化设施运营经费不足，农村群众文化活动单一贫乏。党的十八大以来，我国不断完善城乡公益文化设施配置制度，加大了对农村特别是落后农村公益文化设施建设及服务的投入（见表8-2），一定程度上满足了农村群众的文化需求。

二、农村公益文化设施配置的政府错位和缺位

农村公益文化设施建设与服务的经费理应由政府提供。我国的政府是由中央、省、市、县、乡镇等五级组成的，各级政府财政如何提供农村公益文化设施建设与服务的经费支持也应有不同职能分工。一般来说，中央政府财政负责提供具有全局性和战略性的农村公益文化设施与服务的经费，而地方政府负责提供具有地方特色和地域性的农村公益文化设施与服务的经费。但在实践中，长期存在着各级地方政府之间因权限、职责划分不清、责任模糊等问题，导致农村公益文化设施建设与服务经费支持上的政府错位和缺位。现实中，这种政府"错位"往往涉及两级或多级政府在农村公益文化设施配置中的责任，由于省级及以下政府缺乏明确有效的分担机制，造成上一级政府把本该由自己承担的职责推向下一级政府，结果是农村基层政府压力很大，而农村基层政府基本上没有财力来源，只能导致"错位"现象。所谓政府"缺位"主要是因为基层

---

① 张天学，阚培佩.我国现行农村公共文化产品供给的制度困境与对策［J］.理论月刊，2011（5）

政府把精力放在发展经济和各种政绩工程上，个别领导尤其是主要领导对农村公益文化设施建设与服务工作不关心、不支持。

三、农村公益文化设施配置的决策机制不合理

从决策的依据上看，各级政府配置农村公益文化设施的种类和数量的主要依据，是农村群众对公益文化的有效需求。只有通过调查摸清特定区域农村群众真正的文化需求，以此配置农村公益文化设施，才能实现农村公益文化设施的供求均衡，保障其供给效率。

从决策的公共性角度看，农村公益文化设施属于公共产品，各级政府配置公共产品的决策应遵循公共性原则。因此，如何配置农村公益文化设施，政府决策过程中应多听农村群众的意愿，鼓励农村群众参与决策，按照农村群众的实际需要进行决策。现实中，落后农村公益文化设施的配置，政府基本上是唯一或主要的决策者和提供者，承担着提供农村公益文化设施的所有职责。"既是决策者，又是执行者，这一供给模式不可避免地导致决策机制'自上而下'，'单向'传输、强制供给。农村公共文化产品的供给种类、数量、供给程序等都是由上级政府决定，带有很强的指令性、主观性和统一性。"[①]

从决策机制上看，农村公益文化设施供给不平衡或供给不足的原因，也是决策机制缺乏合理性导致的。由于农村公益文化设施供给机制的问题，乡镇文化中心，农家书屋、体育活动等场所出现利用率不高甚至闲置，而农村群众感兴趣的迫切需要的有利于提高其文化素养的文化设施却得不到准确及时的提供，导致农村公益文化资源难以有效运用。

---

① 张天学，阚培佩.我国现行农村公共文化产品供给的制度困境与对策［J］.理论月刊，2011（5）

第九章
我国落后农村公益文化设施建设
与服务存在问题的原因

准确分析落后农村公益文化设施建设与服务中存在问题的原因，有针对性地提出解决问题的对策，确保落后农村公益文化设施数量足、质量好，促进落后农村公益文化事业发展。

第一节 农村公益文化设施建设与服务的
规划决策缺少论证

落后地区一些地方政府规划部门调查研究不够，较少考虑不同乡镇的经济基础，在公益文化设施建设上没有倾向于条件差的乡村。一些基层政府对农村群众文化需求把握得不够，导致政府供给的文化服务与群众需求脱节。

一、农村公益文化设施建设的规划不够完善

由于落后地区不同区域的农村经济发展水平有差别，因而不同乡镇在完善农村公益文化设施的资金、数量、质量等方面都存在着差距。因此，落后农村公益文化设施建设的规划，要坚持基本性原则，财政支持既要体现普遍性又要突出特殊性，否则就会出现农村公益文化设施的差异性较大但规划设计"一刀切"等问题。首先，落后农村公益文化设施建设的规划要突出满足农村群众基本文化活动，但一些地方政府规划部门较少考虑不同乡镇的经济基础，在提供农村群众基本公益文化设施的前提下，没有有差别地给予条件差的乡村更多的基本文化设施。其次，落后地区大部分乡镇在进行农村公益文化设施建设时，"为了节约建设资金……未聘请有资质的团队进行合理的设计，对选址和布局等缺乏长远、科学的规划。以农家书屋和乡镇综合站为例，乡镇政府在进行建设时，基本没有进行规划设计，而是按照哪里有空地，就在哪里进行开发建设。"[①] 再次，农村公益文化设施建设的规划设计者缺乏扎实的调查研究。农村公益文化设施建设的规划设计者要到农村做实地调查，要与基层政府及农村群众进行广泛的沟通。现实中，由于有些农村公益文化设施规划的设计者缺少充分的调研和论证，主要是凭直觉靠经验，更难以因地制宜地考虑农村群众的实际需要和不同农村的文化特色，导致农村公益文化设施建设实效性不够。

二、基层政府部门对农村群众文化需求把握得不够

文化的目的就是以文化人。落后农村公益文化设施建设与服务的主要任务就是丰富农村群众的文化生活，提升农村群众的精神境界。近年来，各级政府对于农村公益文化设施建设及农村文化发展极为重视，这是完全正确的。但"许多都表现为自上而下的形式，停留在单向的文化传输，而较少考虑农民自身的文化需求。乡土文化的价值被忽视了，农民的文化需求重视得还不够。如果农村文化建设，只注重于一年自上而下地演几场演出，发几册宣传资料，那

---

① 罗光利.湖南农村公共文化设施建设有效性研究——基于湖南省宜章县的调查[D].广西大学，2013

么这样的农村文化建设，只是流于形式，浮于表面，既体现不了文化的作用，也发挥不了文化的功能"[①]。农村群众是农村公益文化服务的直接受益者，同时也是农村公益文化建设的参与者。要采取有效的文化活动方式，把农村群众最大限度地吸引到农村公益文化活动中来，以提高农村公益文化活动的实效性。农村群众参与到公益文化活动中，农村的文化资源就"活"起来，优秀的农村民间文化也有了发扬光大的载体，农村群众才能从中真正感受到文化的价值取向和审美境界。因此，要突出农村群众在公益文化设施建设中的主体地位，使农村群众成为农村文化设施建设的主力军，让农村群众参与到农村公益文化设施建设中来；要通过农村公益文化建设，积极挖掘当地农村潜在的、农村群众身边的文化资源，结合新时代文化发展的特征，为农村群众提供丰富多彩的来自于民间的文化活动，以创造出更多具有时代气息、贴近农村群众文化生活的文化精品。从这个意义上说，政府在组织有关部门送文化下乡时，要积极引导，扶持农村群众发展农村地方特色文化，培养农村群众的文化意识，让他们切身体会到文化的价值。

三、政府供给与群众需求脱节

长期以来，在农村公益文化设施建设的政策制定过程中，地方政府过于注重"给予"群众什么，而轻视农村群众"需要"什么，使得农村公益文化设施建设的政策与农村群众的文化需求不完全相适应，二者之间存在脱节现象。与农村公益文化设施建设相关的农村公益文化服务也存在类似的情况。农村特别是落后农村公益文化服务，目前主要是由文化行政部门主导的单向的供给模式，这种供给模式是客观现实的必然要求，具有一定的合理性，但不足的是容易代替农村群众发展文化，较少考虑农村群众的现实需求，导致落后农村公益文化服务与农村群众需求的脱节或错位。例如，每年都会有由宣传、文化、科技、卫生、新闻出版等多部门参加的科技、文化、卫生"三下乡"活动，旨在为农村群众送去公益性文化服务。但是在实际中，往往是几块展板一摆、几张桌子一放、几名人员一站，农村群众收到一些

---

① 吴梦寒. 农村文化建设要由"表"及"里"［N］. 甘肃日报，2012-01-19

常识性的宣传册，了解咨询一些基础性的知识，就算是工作完成了。真正进入村庄内部、利用农村公益文化设施平台、与农村群众日常生活相联系、能够被农村群众所享受的农村文化并未很好地被供给，农村群众长期的、多层次、多方面的文化需求根本不可能在活动中得到很好的满足，使得活动往往流于形式。

第二节　农村公益文化设施建设与服务的财政投入总量不足，供给主体单一

我国落后农村基层干部普遍对农村公益文化设施建设与服务认识不到位，加之地方政府的财政收入有限，无法把有限的资金投入到农村公益文化设施建设与服务上。因此，农村公益文化设施建设与服务的投入上只能过度依赖于中央政府的财政拨款。

一、基层政府对农村公益文化设施建设与服务不够重视

落后农村基层干部普遍对农村公益文化设施建设与服务认识不到位。在精准扶贫中，一些基层干部更多地看到了贫困群众表层的贫困，没有看到其深层的本质的贫困，更多地看到的是经济贫困，没有看到文化贫困。因而，他们对农村群众的文化贫困不够重视甚至忽视。一些落后农村基层政府还未将农村的文化建设纳入议事日程，他们认为在落后农村应当集中力量发展经济，待经济发展好了再进行文化建设，事实上这种思路也不利于落后农村经济的可持续发展和乡村振兴战略的实施。从这个意义上说，落后农村之所以贫困落后，从根源上说，就是缺乏先进文化的支撑。也正是落后农村群众的文化贫困和精神贫困，才导致他们陷入深度贫困，制约了脱贫致富的进程。同时，落后农村部分干部群众也没有认识到公益文化建设对于农村发展的重要性。因为，从表层上看，经济建设给落后农村群众带来的切实利益是显而易见的，而文化建设带来的利益往往不容易立即显现。因此，基层政府轻视公益文化设施建设，不愿投入资金，影响了公益文化建设的量与质。

二、农村公益文化设施建设与服务的财政投入不够

我国落后地区财政收入有限，无法把有限的资金投入到农村公益文化设施建设与服务上，农村公益文化设施建设与服务的投入只能过度依赖于中央政府的财政拨款。虽然省级财政每年都有文化经费和补贴下拨，但许多地方的文化事业经费占当地财政支出的比例较小，有些地方还不足1%。落后地区地方政府财政拨款难以维持农村公益文化事业的正常运转，许多乡镇文化活动中心开展文化活动的经费难以得到充分保证。另外，县、乡级政府用于农村公益文化设施建设的资金也无法及时分配落实，致使文化设施设备遇到故障时也得不到及时修理。税费改革后，落后地区乡镇财政收入逐年减少甚至没有，直接制约了农村公益文化事业的发展。从调查的情况看，政府投入严重不足，是农村公益文化设施建设不完善的主要原因，它直接影响了农村公益文化设施建设与服务的质量。

三、农村公益文化设施建设与服务的供给主体缺乏规范性约束

政府集中力量办好具有战略意义的大事，是我国社会主义优越性的重要体现。落后农村公益文化设施建设与服务，对于这一区域与全国同步进入小康社会推进社会主义现代化建设具有重要的战略意义，各级政府加大投入，做好补短板工程责无旁贷。政府应精准施策，最大限度地整合资源，加大落后农村公益文化设施建设与服务。近年来，中央和省级政府每年拨付款项支持落后农村公益文化设施建设与服务。但是，县、乡镇一级的文化经费却显得力不从心。一是税费改革后，乡镇缺乏财政收入主要来源，也意味着没有财力支持农村公益文化设施建设与服务。二是农村基层干部依然存在着重经济建设、轻文化建设的发展理念，即使乡镇政府有财力，也不会把资金用在见效不直接的公益文化设施建设与服务上。三是农村基层政府以有限的财力支持公益文化设施建设与服务时，只考虑了原则性，缺少了灵活性。如果监督和约束不到位，可能导致政府提供公共物品的成本趋高；如果供给制度欠规范，还会引起"寻租"现象。因此，我国落后农村公益文化建设主体缺乏规范，加上绩效评估制度不完善，后续监督跟不上，财政资金的利用效率较低，就会导致农村公益文化建设

成果不显著，在数量和质量上都不能满足农村群众日益增长的文化需求。

第三节　农村公益文化设施建设与服务的机制和管理存在弊端

我国农村公益文化设施建设与服务主要还是通过自上而下的县、乡、村文化机构供给方式而展开运作的。在落后农村公益文化设施建设与服务中，相关工作者没有构建良好的民意表达机制，总是套用农村公益文化设施的统一标准，实行"一刀切"，忽略了区域差别背景下农村群众的实际需求。

一、农村公益文化设施建设与服务的机制不健全

我国农村公益文化设施建设与服务主要还是通过自上而下的供给方式而展开运作的。在这种机制下，落后农村乡镇综合文化站和村综合文化室或村综合文化活动中心更主要的是被视为部门化的文化管理机构，而不是农村公益性文化服务组织。因此，落后农村乡镇综合文化站和村综合文化室或村综合文化活动中心的管理多于服务，仍然秉持着控制、改造、管制的核心理念，不能满足农村群众日益增长的精神文化需求，不能保障农村群众文化发展权益。在落后农村基层工作中，公益文化设施建设与服务工作往往被边缘化，其功能也没能很好地体现。现实中，落后农村公益文化建设与服务的依靠主体是政府部门，而文化机构或一些非营利性组织等非政府组织参与率不高。在政府财力有限或投入不足的情况下，很容易导致农村公益文化设施建设与服务的经费严重偏少、公益文化设施不够完善、服务水平不高等情况，使得农村公益文化建设的效果不佳。

二、农村公益文化设施建设与服务的民意表达机制不健全

农村公益文化设施建设与服务要直接面向农村群众的需求来展开。落后农村群众对公益文化设施的需求与其自身的生活环境、受教育程度、生产收入水平、消费结构等因素有着密切的关系。即使同样是落后农村，由于区域差异，人们对文化的需求也不相同。在落后农村公益文化设施建设与服务中，相关工

作者没有构建良好的民意表达机制，总是套用农村公益文化设施的统一标准，实行"一刀切"，忽略了区域差异背景下农村群体的实际需求。重视普遍性，缺乏特殊性的考量，致使一些农村群众的客观需要和文化需求未能很好地得到满足，而一些农村群众不感兴趣并且较少使用的文化设施不会得到及时调整。同时，在"压力型"管理体制下，农村基层干部以"政绩"和"利益"为导向，为了完成上级交办的任务，只有层层抓落实，"自上而下"地作出农村公益文化设施的供给决策，这种机制容易使农村公益文化服务与群众需求产生差距。还有，农村群众表达需求的组织和渠道缺乏畅通，难以实现农村群众意愿的表达。

三、农村公益文化设施管理存在"先天"不足

我国落后农村公益文化设施管理缺乏规范性，农村公益文化建设投入不够等要素导致农村公益文化设施管理存在问题。首先，在落后农村公益文化设施建设中，国家大多是一次性基建投入，在没有其他经费保障的情况下，农村公益文化设施几乎没有办法保证正常运行，客观上存在着明显的"重投轻管"现象。事实上，笔者在调查中发现，许多落后农村存在着"重一次性投入轻过程管理"的现象。其次，农村公益文化设施运行及农村文化建设的绩效评价中存在形式主义倾向。由于落后农村基层干部对文化建设的重视不够，因此，在实际工作中他们对基层文化建设的绩效评价标准存在着形式主义倾向，评价标准只是看"硬件"或"设施"，而不关注"硬件"或"设施"的使用或其所发挥的作用。再次，社会转型对农村文化管理的影响。新中国成立后，农村文化建设形成了集体主义条件下的自上而下的管理模式。随着改革发展的不断推进，农村特别是落后农村公益文化管理需要重建，以适应时代发展的需要。

四、农村公益文化设施管理滞后，文化队伍良莠不齐

在我国农村公益文化设施管理方面存在着管理者的责任落实不到位、管理方式和管理方法不科学等问题。

一是农村公益文化设施管理流于形式。实践中，对管理者的绩效考核过多注重硬件，"对文化设施的利用效率、开展各类文化活动次数、在多大程度

上满足群众的文化需求都很少列入考核范围"[①]。

二是农村公益文化设施的日常维护和管理缺乏。农村公益文化设施投入使用以后缺乏相关人员的过程管理和后期维修。

三是公益文化设施管理人才缺乏。落后农村公益文化管理者中，有一部分文化工作者学历偏低，缺乏积极主动学习新知识新业务的热情，再加上人才培养机制不健全，必然导致整个农村文化及文化设施管理人才队伍青黄不接，断层严重。另外，由于诸多原因，一些地方在农村公益文化设施管理方面很少招聘新人，直接导致了农村公益文化设施利用率不高。

---

① 罗光利.湖南农村公共文化设施建设有效性研究——基于湖南省宜章县的调查[D].广西大学，
2013

第十章
我国落后农村公益文化设施建设
与服务的保障

　　农村公益文化设施建设与服务特别是落后农村公益文化设施建设与服务，要依靠中央财政有计划地大量投入和监管完成，要借助解决相对贫困群体的长效机制、依靠发达省区包片援助完成，要鼓励慈善机构、企业及个人捐赠等有力支持来完成。要在国家公共财政的支持下，挖掘地方特色文化资源，通过内生发展，推进农村公益文化事业发展。

第一节　我国落后农村公益文化设施建设
与服务的政策保障

　　党的十七届六中全会《决定》指出："要以农村和中西部地区为重点，

加强县级文化馆和图书馆、乡镇综合文化站、村文化室建设，深入实施广播电视村村通、文化信息资源共享、农村电影放映、农家书屋等文化惠民工程，扩大覆盖，消除盲点，提高标准，完善服务，改进管理。加大对革命老区、民族地区、边疆地区、贫困地区文化服务网络建设支持和帮扶力度。"[①] 要结合落后农村实际，细化农村公益文化设施建设与服务的相关政策，并有效贯彻落实好这些政策。

一、完善政府对落后农村公益文化设施建设与服务的政策

按照城乡一体化的要求，统筹城乡文化设施建设与服务。在我国落后农村文化建设中，从制定城乡公益文化设施建设与服务的政策开始，要坚持统筹兼顾原则，同等看待农村和城市公益文化设施建设与服务的重要性，切实加大地方政府对农村公益文化设施建设与服务的投入力度，筑牢农村公益文化设施建设与服务的基础。制定和完善稳定、长期和连续的农村公益文化设施建设与服务政策，持续推进农村公益文化设施建设和服务水平。

一是制定并完善社会力量捐赠或赞助落后农村公益性文化事业的各项优惠政策，引导社会资金投入到落后农村公益文化设施建设与服务中来。

二是完善落后农村网络文化建设的政策，依法净化网络文化空间，以满足农村群众逐渐增长的网络文化需求。

三是完善审计等部门对落后农村公益文化设施建设与服务的资金使用的监督政策，提升农村公益文化发展的效度。

四是依法依规决策，提高政府支持落后农村公益文化设施建设与服务的科学化、民主化、法治化水平。

五是积极探索社会公益性资助对落后农村公益文化设施建设与服务效度的评价反馈政策。

二、建立和完善落后农村公益文化资源整合的政策

在落后农村公益文化设施建设与服务中，既存在着建设的不平衡、资金

[①] 党的十七届六中全会《决定》学习辅导百问编写组.党的十七届六中全会《决定》学习辅导百问［M］.北京：党建读物出版社，2011

缺乏，也存在着设施闲置、缺乏有效服务的现象。之所以产生这些问题，一方面，落后农村公益文化设施建设的地点远离村民大众休闲娱乐的场所，或者说建设没有考虑周边的人口比例，在人口较少的地方建设超出人口使用比例的公益文化设施，导致设施的闲置。另一方面，农村群众的休闲观念有所偏颇。调查显示，有些农村群众因为农活忙没有时间去公益文化场所活动，有些农村群众认为在家看看电视或者打打麻将打打牌一样是休闲娱乐，所以根本就不去公益文化场所。针对这种现象，我们认为，落后农村公益文化设施建设，也可以从教育、体育、科技的视角来考量，建设融文化、教育、科技、体育于一体的综合文化活动中心。从这个意义上看，教育、体育、科技等都属于文化的范畴。在落后农村公益文化发展中，有关部门应该运用"文化+"的思维，整合资源，协调乡村周边的图书馆、体育馆、农技站等公共场所来加以利用。比如，节假日期间，可以利用附近学校的校舍、图书馆、运动器材等开展文化活动，引导农村群众进一步走向文明进步。此外，也可以通过政策引导结对子单位，比如城乡、军民共建等文化活动，推动农村公益文化事业的发展。

三、健全和完善落后农村公益文化设施建设的政策设计

一般地，农村公益文化设施建设包括县（区）文化馆、影剧院、图书馆以及乡镇街道的文化站、行政村或自然村文化活动室等。调查表明，在行政村或自然村建设文化广场、文体公园、文化大院和那些"小而精"的文化设施更能真正服务农村，贴近百姓，融入农村群众的日常生活。因此，建设积极向上、符合农村群众文化活动需要的休闲场所，也是落后农村公益文化设施体系建设的重要内容。各级政府及主管部门要高度重视有利于农村群众文化休闲娱乐的公益文化设施建设，要根据不同地区农村文化资源的特点，"注意挖掘更加丰富的文化休闲设施和休闲消费品，创设和建设趣味性较强、文化含量较高、审美价值较大，且所有农村群众能够享受得起的文化娱乐、游览观光、阅读欣赏的场所与设施。"[①] 特别值得提出的是，在落后农村公益文化设施建设的政策设计中，要有针对性地在那些远离行政村又人口密集（或整合后）的自然村修

---

① 匡巍巍. 公共文化设施免费开放政府职能研究［D］. 长春工业大学，2013

建综合文化室或村综合文化活动中心，方便农村群众休闲、娱乐，进行人际交往和开展文化活动，从而增强农村群众的凝聚力。农村群众习惯上的交际娱乐范围大多限于自然村范围内，目前行政村在合并之后，大多超出了农村群众习惯上的交际娱乐范围。如果不考虑农村群众参与社区生活的习惯，仅仅在行政村或行政中心建文化活动中心，就不便于发挥农村公益文化设施在熟人社会中的公共空间社交作用。所以，根据人口密度和文化设施的有效辐射半径以及群众活动范围来建造文化设施，应该成为农村公益文化设施建设的重要原则。

第二节　我国落后农村公益文化设施建设与服务的管理体制保障

要形成党委领导、政府主导的多元主体体系和社会力量广泛参与的多元主体共建、共管的公共管理体制。各级党委和政府在整个公益文化设施建设中发挥领导和主导作用。各级党委和政府是农村公益文化设施建设的规划者、组织者、指挥者和协调者。

一、建立落后农村公益文化管理体系

落后农村公益文化管理是农村公益文化发展的短板，要通过建立农村公益文化管理体系，实现补短板的目的。一要通过深化文化体制改革，明确各级政府要承担的相应权责，以实现农村公益文化的有效管理，保障农村公益文化建设的人才、技术、资金发挥最大效用。我国农村公益文化设施建设和服务的管理主体分为中央、省、市、县、乡五级，五级政府要把农村公益文化管理纳入各自的行政范围。二要通过深化文化体制改革，形成农村公益文化设施利用率高和服务有效的监督管理机制。要建立健全监督机制，形成规范有序的监督程序；锻造专业化和有责任感的文化工作队伍，搭建以信息化技术为支撑的高效服务平台。三要通过深化文化体制改革，正确引导社会力量在农村公益文化服务中的作用。要制定鼓励性政策，引导非营利性组织发挥积极作用，以补充政府在农村公益文化事业发展中功能的不足。四要通过深化文化体制改革，依

法管理农村公益文化设施。

二、完善落后农村公益文化的管理制度

地方政府要不断完善农村公益文化设施建设与服务的管理制度，一是加强对落后农村公益文化设施建设与服务管理的指导。在业务方面，文化主管部门要强化对农村公益文化设施建设与服务的指导。在管理方面，文化主管部门要指导相关部门建立健全农村公益文化设施建设与服务的专人管理制度和责任追究制度，防止农村公益文化设施遭到人为破坏以及农村公益文化服务"缺位"。二是改进落后农村公益文化设施建设与服务的管理方式。创新落后农村公益文化设施建设与服务的管理方式，以保证有专人从事农村公益文化设施的日常维护和保养，有符合条件的人从事农村公益文化服务。三是完善落后农村公益文化设施建设与服务的管理方法。在落后农村公益文化设施的使用和服务效果方面，相关部门要积极探索落后农村公益文化设施使用与服务高效的方法，提高落后农村公益文化设施使用率，提升农村公益文化服务水平。在落后农村公益文化设施建设方面，尽可能整合资源、共建共享。例如，乡镇文化站和乡镇放映队可以联合购置一些基本配套设施：电脑、音响设备、乐器以及群众需要的书籍等；在落后农村公益文化服务方面，放映队与文化站互相利用对方的活动场地开展文化活动，以达到节约成本、充分用足现有文化资源的目的。

三、提高落后农村公益文化管理者的管理水平

完善农村公益文化设施管理体制，提高落后农村公益文化设施建设与服务的效率，需要不断提高管理者的管理水平。落后农村公益文化管理人员管理水平的提升，是实现好、发展好、维护好落后农村群众基本文化权益的重要保障。通过提高农村公益文化管理者的管理水平，更好地体现他们对于农村公益文化设施监管的主体责任，更好地体现他们服务于农村公益文化的自觉性，进一步提高落后农村公益文化设施的利用率，实现农村公益文化服务的初始目标，使农村群众真正从中获得文化乐趣和文化陶冶。一是落后农村公益文化管理者必须遵守管理制度和行为准则。管理制度是有效实现管理效果的前提条件，行为准则是有效提高公益文化服务的基础。建立和完善农村公益文化管理的规范

与流程，遵循日常保养和维护制度等，确保管理工作顺利进行。二是落后农村公益文化管理者要从细节做起，把各项管理制度落到实处。对高效依规办事者给予表彰奖励，对不按规章制度办事者根据情况进行约束和处罚。三是落后农村公益文化管理者要善于引导农村群众自觉参与公益文化设施的管理和保护。农村群众是农村公益文化设施的主要使用者和受益者，必须及时引导农村群众自觉参与公益文化设施的管理和自我管理，在农村群众充分享受文化权利的同时，培育他们承担保护文化设施的义务。四是加强对落后农村公益文化管理者的考核力度，做到工作每月有计划、每年有规划，工作过程有监管，年底有考核。

第三节　我国落后农村公益文化设施建设与服务的人才保障

推动落后农村公益文化设施建设与服务，人才是关键。党的十七届六中全会提出，要"加快培养造就德才兼备、锐意创新、结构合理、规模宏大的高素质文化人才队伍"。落后农村专业化文化人才队伍担负着提高农村群众文化素养、知识技术等方面的任务，同时，也担负着策划、组织、开展丰富多样的文化活动的重任，也具有指导农村群众自发性的文化活动的职能。

一、培育和引进落后农村公益文化发展的人才

提高落后农村公益文化建设的有效性，丰富农村群众精神文化生活，必须培育农村文化人才，引进文化人才。第一，加大现有文化人才的培养。通过对现有人才的专业培训以及文化交流等方式，增长他们的见识，提高他们的技能。第二，加大文化人才的引进工作。通过制定优惠政策，比如在职务晋升、住房补贴、文化科研经费等方面提供优惠政策，吸引较高水平的大学生及较高层次的文化人才到农村基层文化部门工作。第三，注重培养农村文化工作者。一是从农村群众中聘用一批有知识有文化懂艺术的优秀青年从事农村文化工作，二是从热心文化工作和对文化事业有着浓厚兴趣的艺术人才中招募一批文化志愿者，有针对性地开展农村公益文化活动。第四，用好乡村文化能人。在

农村中筛选多年从事农村文艺演出、群众口碑好、社会效益明显的农村文化能人，并给予他们一定的经费补贴，激励他们积极组织开展农村公益文化活动；定期开展"最美乡村文化人"评选活动等，表彰奖励在农村公益文化活动中作出贡献的乡村文化能人，鼓励投身农村公益文化服务者。第五，完善落后农村公益文化工作者绩效考核方法。要采取多种考核方法，包括部门领导测评、同事互评和群众民主测评的绩效考核方式，考核评价农村公益文化工作者，并把考核结果与奖金、评优、晋升等挂钩。

二、聘请落后农村公益文化建设的专业顾问

落后农村公益文化建设要坚持因地制宜的原则，要根据当地农村群众对农村文化需求的实际进行科学合理的规划，在建设的规模上也要量力而行。首先，聘请农村公益文化建设的专业顾问。农村公益文化建设，要尽力而为，量力而行。要贯彻"以人民为中心"的发展理念，充分考虑农村群众自我发展的需求，考虑农村群众对文化的需求。要从战略的视角思考推进落后农村公益文化建设的必要性、紧迫性，聘请热心于农村公益文化事业的专业人士作为顾问，指导落后农村公益文化事业的顺利发展。其次，柔性引进农村公益文化建设的专业人才。落后农村公益文化设施建设是一个系统工程，农村基层政府要拓宽思路，在引进的专业设计人才的协助下，建设突出当地文化特色的公益文化设施，以发挥农村公益文化的独特作用和巨大潜力。

三、培养、引进和用好落后农村公益文化建设的骨干人才

如何结合落后农村实际情况和当地文化特色，建设具有地方特色的农村文化，关键在人才。首先，要培养和引进用好落后农村公益文化建设的骨干人才。通过骨干人才的引领和带动，打造特色文化品牌，扩大影响，促进凝聚力，增强自信心。其次，培养落后农村公益文化建设的文艺骨干分子。要以乡镇综合文化站以及行政村、自然村的文化室或活动中心、农家书屋为主要文化阵地，立足当地实际，突出地方特色文化，鼓励当地文化活动积极分子组建文化社团，以团队建设为载体，为农村公益文化建设培养一批文艺骨干分子。再次，培养打造地方特色文化的设计人才。在落后农村公益文化发展中，还应当培育和引

进相关人才，挖掘具有地方特色的独特文化元素。在农村公益文化设施建设上，要考虑搭建一些演出地方民风、民俗类剧目的文化场所。比如宁夏农村群众喜欢秦腔，在地方特色文化挖掘中，就应该重视秦腔这一传统戏剧的传播和发展，在文化设施上，可以考虑多搭戏台、戏院，为秦腔提供表演平台。

四、引进和用好落后农村公益文化建设的指导型人才

农村公益文化设施建设的根本目的是保障农村群众的基本文化权益，满足群众日益增长的文化需求。落后农村公益文化事业发展，除了在农村公益文化设施建设上，避免或减少与农村群众需求不一致的问题，造成大量文化设施闲置的情况，还应该引进和用好指导群众用好农村公益文化设施的人才，有针对性地给予农村群众使用公益文化设施的指导或辅导。据调查，当前利用率相对较高、农村群众喜爱的公益文化设施，主要有文化广场、篮球场、乒乓球台等；利用率相对较低的主要有农家书屋以及电子阅览室等。之所以出现这种情况，与农村群众不会使用有些科技含量较高的文化设施有一定的关系，因而要引进具有一定专业背景的文化人才对农村群众进行有效的指导或辅导，特别是对于年龄偏大、学历偏低的农村群众，要通过举办培训班等形式，教会他们如何使用电脑及其他电子设备等，以提高他们有效利用农村公益文化设施的效率。政府在这个过程中，应当有针对性地培育和引进诸如此类的人才，加强引导和培育农村群众的文化兴趣，营造良好的文化环境。农村公益文化发展中，政府不仅要"送"文化，而且要"种"文化。坚持农村公益文化建设的可持续发展，既要满足当代农村群众的文化需要，又要着眼未来"种文化"，保证农村群众对于文化需要的权利能够得到满足。因此，基于时代背景、群众的喜好，按照群众的需求来引进和用好"种文化"人才尤其重要。

第四节　我国落后农村公益文化设施建设
与服务的经费保障

农村公益文化设施的完善、系统软件的提升、服务质量的提高，都需要

充足的资金保障。农村公益文化设施的非排他性和公益性决定了其建设投入必须坚持以政府为主导，但是仅仅依靠政府的财政投入是不够的，"应该拓宽公共文化设施建设的资金来源渠道，坚持政府为主，引导公众、社会力量参与建设，形成合力"[①]。

一、加大政府财政投入力度

随着经济社会的快速发展，落后农村公益文化设施建设的经费投入有了较好的保障。当前，落后农村公益文化设施尚不完善，各级政府财政支持农村公益文化设施建设与服务，要依法根据我国财力的增长而相应有一定的增加。首先，中央、省级政府应当坚持文化惠民经费向落后农村倾斜的优惠政策，确保政府公共财政支出中农村公益文化设施建设资金占有适当份额。其次，要加大经费投入，推进政府购买服务制度。对各类公益文化设施建设、经营和文化活动项目等逐步实现政府购买服务措施。再次，要充分发挥当地知名人士、社会贤达的作用，鼓励有能力的人积极赞助经费并投身农村公益文化建设行列，并确保农村公益文化资金专项专用，以保障农村重点公益文化设施建设的资金需求。

二、建立健全长效的资金投入机制

充分发挥政府的宏观调控作用，形成政府专项资金投入机制，尤其是形成用于落后农村公益文化设施建设与服务的专项资金投入机制，促进落后农村公益文化事业的发展。"根据财政部发布的《中央补助地方农村文化建设专项资金管理暂行办法》，该专项资金包括补助资金和奖励资金两部分，专项用于支持农村公共文化事业发展，保障基层农村群众基本文化权益。""该办法明确，行政村文化设施维护和开展文化体育活动等支出基本补助标准为每个行政村每年 10000 元，其中：全国文化信息资源共享工程村级基层服务点每村每年 2000 元；农家书屋出版物补充及更新每村每年 2000 元；农村电影公益放映活动按照每村每年 12 场，每场平均 200 元的补助标准，每年 2400 元；农村文化

---

① 罗光利.湖南农村公共文化设施建设有效性研究——基于湖南省宜章县的调查[D].广西大学，2013

活动每村每年 2400 元；农村体育活动每村每年 1200 元。"[1] "《办法》指出，中央财政对东部地区、中部地区、西部地区分别按照基本补助标准的 20%、50%、80%安排补助资金，其余部分由地方统筹安排。地方可以根据实际情况提高补助标准，所需经费由地方自行负担。"[2] 中央财政投入农村公益文化发展项目包括对农村公益文化产品、文化设施的投入，对文化惠农活动的补助，对文化人才队伍培养经费等，要实现资金配套安排。在抓好硬件建设的同时，要严格管理和维护农村公益文化设施，保证农村公益文化设施正常运转，建立健全规章制度，规范服务行为，切实提高农村公益文化设施的利用率，真正使文化惠民工程惠及广大农民群众。虽说国家政策环境、资金扶持并不是解决相对贫困问题的最根本途径，但外因是条件，是文化扶贫的保障，必须保证长效的人力、物力、财力的投资和管理的落实到位。

三、引导社会资金参与农村公益文化建设

政府财政是农村公益文化建设投入的主体，除此之外，还要通过知名企业、个人筹集资金，以及通过社会组织或村民捐款等途径，实现社会资金扶持农村公益文化建设的目的。因此，农村公益文化设施建设与服务的经费要通过多方力量筹集，利用政府、社会和个人等多种力量，形成多元化的赞助方式，实现各方力量合作共赢和为广大群众提供良好的公益文化设施与服务的需要。

---

①② 中央财政设农村文化建设专项资金　每村每年补助万元［EB/OL］.新华网，2013-04-18

第十一章
我国落后农村公益文化设施建设
与服务的原则和模式

　　落后农村公益文化设施建设与服务应该遵循什么样的原则，应该有哪些模式可供选择，这也是我们应该思考的问题。由于我国落后农村分布较广，各个地方的发展状况差异较大，所以农村公益文化设施建设与服务的总体思路与模式选择也不完全相同。

第一节　我国落后农村公益文化设施建设
与服务的原则

　　我国落后农村公益文化设施建设与服务是一项复杂的系统工程，必须坚持科学发展原则，以促进其健康发展。

一、坚持政府主导原则

我国落后农村公益文化设施建设与服务必须紧紧依靠政府的大力支持。除了中央政府的一贯支持外，地方各级政府也要给予经费支持。按照党和政府的战略目标，到2020年，我国将实现第一个百年目标——全面建成小康社会。在大力实施脱贫攻坚战略背景下，落后农村将在2020年实现脱贫，与全国同步建成小康社会，这意味着未来在落后农村公益性文化建设过程中，农村基层政府在政策和财政上也会具有一定的财力支持。当然，落后农村公益文化建设也离不开整个社会的重视和关注，要通过完善相关法规和政策，积极鼓励社会多元主体的共同参与资助，引导社会资金对农村公益文化建设的投入。

二、坚持以人民为中心的原则

落后农村公益文化建设，农村群众是主要力量。在落后农村公益文化建设中，要坚持以人民为中心的发展思想，紧紧围绕农村群众日益增长的文化需要，以满足农村群众多方面、多层次、多样性的精神文化需求，作为评价和衡量农村公益文化设施建设与服务的根本尺度；把提高农村群众的科学文化等综合素质、促进农村群众的全面发展作为农村公益文化设施建设与服务的根本目的；把营造积极向上的文化环境、满足农村群众对精神文化需求作为农村公益文化建设的基本追求，推进乡村文明建设和农村群众整体素质的提高。

三、坚持统筹城乡发展原则

随着工业化、信息化、城镇化和农业现代化进程的加快，以及城乡一体化发展，我国城乡二元社会结构将逐渐消失，传统落后的农村社会将发生巨大的变化。落后农村公益文化发展必须与时俱进，围绕"四个全面"战略布局，坚持创新、开放、协调、绿色、共享"五大理念"。要加大对落后农村公益文化设施建设的力度，促进农村公益性文化事业的健康发展。坚持统筹城乡的文化发展思路，统筹城乡文化资源，完善农村公益文化设施，提升农村公益文化服务水平，提高农村群众的科学文化素养，改善农村社会风气，推动农村社会和谐稳定，推动农村社会由传统向现代转变。

四、坚持扶贫脱贫与文化发展相互协调原则

在落后农村经济社会发展中，扎实推进相对贫困人口精准脱贫与加强农村文化发展相互渗透、相互促进、相互融合、相互包含，精准脱贫不仅仅是相对贫困群众经济方面的脱贫，更是深层意义上的文化脱贫。反过来，一个村的文化水平反映了该村经济发展的水平，文化也会反过来影响经济的发展。按照党的十八届五中全会通过的《中共中央关于制定国民经济和社会发展第十三个五年规划的建议》，到 2020 年，"我国现行标准下农村贫困人口实现脱贫，贫困县全部摘帽，解决区域性整体贫困。"[1] 实现这一目标，既意味着落后农村贫困群众经济上的脱贫，贫困县摆脱贫困，为农村公益文化发展打下良好的物质基础，有能力为农村公益文化设施建设与服务提供财力支持；又意味着初步实现落后农村群众文化贫困上的脱贫。同时，农村公益文化具有"凝聚、整合、同化、规范农民的行为和心理的功能"[2]。落后农村公益文化建设，"从根本上说是人的建设，核心是提高农民的素质，为农村建设提供强大的精神动力和智力支持……高素质农民是提升农村经济发展水平的原动力。如果没有一定程度的农村社区公益性文化事业的发展，那么农村经济的发展也就失去了积极的内在驱动力。"[3]因而落后农村公益文化设施建设与服务工作，一定意义上影响相对贫困人口脱贫的效度。

五、坚持继承与创新相结合原则

继承与创新反映了农村公益文化事业发展的一般规律，继承是创新的前提和基础，创新是继承的延续与发展。首先，落后农村不同程度地留存着我国传统文化的独特基因，落后农村公益文化建设应当在继承优秀传统文化的同时，努力剔除腐朽没落的文化糟粕。其次，落后农村公益文化建设因人因地因时而有所不同，只有在创新中才能显示出活力，才能增强农村群众的凝聚力。再次，落后农村公益文化建设要加强对农村本土文化的继承与创新，增强农村公益文化服务的内在活力。

---

① 《中共中央关于制定国民经济和社会发展第十三个五年规划的建议》辅导读本［M］．北京：人民出版社，2015
②③ 门献敏．论农村社区公益性文化建设的理论基础与战略原则［J］．探索，2011（1）

第二节 我国落后农村公益文化设施建设与服务的模式选择

在农村公益文化建设实践中，根据农村公益文化的特质，落后农村公益文化设施建设与服务有 3 种模式，即政府主导供给模式、合作供给模式及社会化主体主导供给模式。

一、政府主导供给模式

政府主导供给模式的根据是公共经济学的理论。"按照公共经济学的理论，这些领域的文化产品属于纯公共产品，具有消费的非竞争性和非排他性，市场无法提供，只能由政府进行干预和政府提供。"[①] 在落后农村公益文化设施建设与服务过程中，政府占主导地位，政府财政在这些领域提供经费等方面的支持是应尽的责任。同时，政府是农村公益文化设施建设的主体，并不排斥社会多种力量对农村公益文化设施建设的支持。在农村公益文化设施建设过程中，按照政府主导供给模式，政府是安排者和提供者。如，为农村群众服务的电影放映队和文艺演出剧团及它们的演出剧目，都要由相关文化部门审核；农村公益文化服务的机构、内容和形式都要通过政府采购中心招标确认，经过与有关乡镇、村协商，由各乡镇、村自主选择，以提高农村公益文化服务的质量，使广大农村群众从中受益。

二、合作供给模式

合作供给模式，是以农村群众需求为导向、以政府和各种有意愿提供公益文化服务的组织等多元主体互动合作为基础的新型农村公益文化设施建设与服务模式。在这种模式中，不同主体在农村公益文化设施建设与服务中具有各自的职能或不同的服务内容与形式。

首先，政府是农村公益文化设施与服务供给的核心主体。（1）政府应该

---

① 李少惠，王苗．农村公共文化服务供给社会化的模式构建［J］．国家行政学院学报，2010（2）

遵循"有限政府"原则，把部分提供农村公益文化设施建设与服务的"空间"让渡出来，与其他的社会组织等合作，共同更好地为农村群众提供公益文化设施建设与服务。（2）政府必须对非政府组织、村民自治组织、农村群众志愿性社团等的农村公益文化设施建设与服务内容、行为、过程等方面制定规范要求。（3）政府要做好调动和协调其他供给主体的积极性的工作。

其次，非政府公益组织是农村公益文化设施与服务的重要补充。在农村公益文化设施建设与服务领域，诸如艺术类大专院校、科研单位、文化机构等，在教育科技、信息传播、文化娱乐、法律援助等方面都能够义务为农村群众提供大量的公益文化服务，以弥补政府供给和农村社区内生性供给的不足。

再次，发挥农村群众志愿性社团、协会的作用。农村群众志愿性社团主要由农村群众组成，他们的活动范围以农村社区为主。农村群众组成的协会诸如读书会、红白理事会、秧歌队、篮球爱好者协会、农村专业技术协会、农民工协会等公益性组织，主要以志愿服务、资源交换等各种方式为农村群众提供各类公益文化服务。另外，要发挥好社区自治组织的作用。

三、社会化主体主导供给模式

社会化主体主导供给模式是"指社会化主体独立承担农村公益文化服务的决策、资金提供和服务输送，不再充当政府的配角与合作者"[1]。社会化主体独立筹集农村公益文化或准公益文化设施建设与服务的经费，是"在我国现代农业向纵深发展、整个农村社会系统趋于更加开放、各种社会治理主体之间联系更为紧密的新形势下出现的，是由非政府的社会组织来联合提供农村公共文化服务的渠道。这些组织起来的社会化主体把农业、科技、人才、金融、信息资源聚合到农村公共服务领域"[2]，提高农村公益文化服务水平。当然，在落后农村公益文化设施建设与服务领域，实现社会化主体主导模式还需要很长的一段时间，但这也是一种未来发展的趋势。

---

[1] 史传林.农村公共服务社会化的模式构建与策略探讨［J］.中国行政管理，2008（6）
[2] 李少惠，王苗.农村公共文化服务供给社会化的模式构建［J］.国家行政学院学报，2010（2）

第十二章
我国落后农村公益文化设施建设
与服务的思路

　　我国落后农村公益文化建设，要坚持以政府为主导，以县、乡镇为依托，以村级为重点，以农户为对象，大力发展县、乡镇、村级文化设施，构建农村公益文化服务网络。实现县（区）有文化馆、图书馆，乡镇有综合文化站，行政村或自然村有文化活动室。县（区）、乡镇文化馆（站）要具备综合性的功能，图书馆要加强数字化建设，综合性文化站要配齐专职管理人员；村文化活动室可"一室多用"，"明确村级专职干部具体责任"[1]。

---

① 宋建钢，狄国忠.加强贫困地区农村公共文化设施建设［N］.学习时报，2012-04-23

第一节　加强落后农村公益文化设施建设与服务的资金投入

我国落后地区乡镇财政困难，中央财政要优先实施对落后农村公益文化建设的经费支持，安排专项转移资金支持落后农村公益文化建设，并取消原来乡镇政府财政配套资金的相关规定。同时要结合落后农村的具体状况，鼓励发达省区包片援助落后农村公益文化设施建设与服务项目。在现有条件下，我国各级政府应尽力支持落后农村公益文化建设。

一、政府加大对落后农村公益文化建设经费的投入力度

我国落后地区各级政府必须从全面建成小康社会、建设社会主义现代化国家、实现中华民族伟大复兴的大局出发，加大对落后农村公益文化建设的经费投入力度。从世界成功案例来看，日本和韩国就是政府主导的农村公益文化投入机制，推动本国农村公益文化发展。日本和韩国都是以中央政府为主导、由各级农业合作组织参与建设农村公益文化设施，形成农村公益文化服务供给体系。应借鉴日本和韩国在农村公益文化建设方面的经验，结合我国落后农村具体实际，推进落后农村公益文化建设。由于我国落后地区乡镇级财政收入有限，乡镇一级财政基本上拿不出专门的文化建设经费，难以按要求划拨配套的资金支持，因此，落后农村公益文化建设的经费来源只能是乡镇以上各级政府的财政支持。要进一步加大落后农村公益文化建设中各级政府（除了乡镇）的资金投入，中央政府采取以奖代投等不同激励方式，推动落后农村公益文化设施建设与服务的持续发展，满足人民群众日益增长的文化需求。

二、建立健全落后农村公益文化建设的财政投入绩效评价和反馈体系

从落后农村公益文化建设的情况来看，经费投入不足是一个比较突出的问题。据调查，目前我国落后地区大部分乡村缺乏集体经济，它们对农村公益文化建设投入客观上也着实存在困难。事实上，近年来落后乡镇每年投入

到农村公益文化建设方面的经费微乎其微。按照中办、国办《关于进一步加强农村文化建设的意见》要求，我们认为，落后地区的省、市（地区）、县三级财政要逐年增加对落后农村公益文化设施建设与服务的经费投入，并且每年的增长幅度不低于财政收入增长幅度。新增财力重点向落后农村公益文化设施建设与服务领域倾斜，建立省、市（地区）、县三级农村公益文化设施建设与服务专项资金机制，并制定落后农村公益文化建设的财政投入绩效评价和反馈体系，既保证省、市（地区）、县三级农村公益文化设施建设与服务专项资金落到实处，又保证一定数量的中央转移支付资金用于乡镇和村的公益文化设施建设与服务项目，满足农村公益文化建设的资金需求。

三、吸引社会资金，在实施文化脱贫工程中发展落后农村公益文化事业

在帮扶相对贫困人口的过程中，国家要继续给予落后农村特殊政策帮扶，提高落后地区乡镇综合文化站及村综合文化室的补助标准；要结合建构解决相对贫困长效机制，鼓励发达省包片援助落后农村公益文化设施建设与服务项目。

吸引社会力量筹集文化扶贫资金。推进农村公益文化事业发展是一项系统工程，落后农村公益文化设施建设与服务，除了中央财政拨款建设，地方政府要下大气力，每年把落后农村公益文化设施建设与服务的经费放在财政预算之列，保持落后农村公益文化设施建设与服务的经费支持可持续化。要充分发挥社会各方面的优势力量，动员社会力量筹集资金，形成政府、社会、个人的多元化文化扶贫格局。要把文化扶贫项目用好，引导社会扶贫资金参与落后农村公益文化设施建设与服务上来，完善农村公益文化设施，提高农村公益文化管理和服务能力。

吸引社会慈善和捐助资金。落后农村公益文化建设应探索"政府牵头，社会化运作，市场化筹资"的机制。引导、发动企业家参与农村公益文化建设。通过慈善渠道，引导企业建设落后乡镇综合文化站、村综合文化室等一大批公益文化设施，推进落后农村公益文化设施建设；倡导、鼓励集体和个人通过相互联合创办公益文化的形式建立农村公益文化活动中心，举办各种积极健康的

文化活动，丰富农村群众文化生活，增强农村发展活力；积极利用企业冠名赞助等形式吸引企业资金投入落后农村公益文化设施建设与服务领域。落后农村要根据地方具体实际，制定优惠政策，如以政府购买服务、给企业减税等形式引导、鼓励、支持企业及个人无条件赞助其公益文化设施建设与服务，使广大农村群众切实获得幸福感。

四、发展村集体经济，增强村集体投资能力

在落后农村公益文化建设中，一要把落后农村公益文化建设经费纳入当地财政支出范围，按照"科学规划，分类指导，注重实效，梯次推进，不断提高"的要求，推进农村公益文化事业发展。二要借助社会各方面帮扶力量，创造发展村集体经济的良好条件。要依托地方优势特色产业形成稳定的村集体收入来源。在村级有了稳定集体收入的基础上，采取集体投资、村民集资等方式开展农村公益文化建设。三要加强组织领导，提高政府和村集体共同投资建设能力。引导和鼓励德才兼备、群众认可的退伍军人和高校毕业生任村支部书记等，优化村级领导班子，增强村级干部领导能力。要有效利用当地特色资源，增强集体经济发展的活力，促进集体经济的长远发展，夯实投入落后农村公益文化设施建设与服务的经费基础。另外，在使用农村集体收入建设村综合文化室、农家书屋等时，要用好国家分级投资农村公益文化的政策，共同支持农村公益文化建设。

第二节 完善落后农村公益文化设施建设与服务的规划和管理体制

文化设施不完善、机构职责不明确、文化活动经费短缺、服务质量不高等，制约了农村公益文化事业的可持续发展。因此，做好长远规划，加大投入，健全机构和管理工作，有助于加强落后乡镇文化活动中心、村综合文化室等方面的建设，提高农村文化工作者的管理水平。

一、重视农村公益文化事业

多年来，在国家的大力支持下，特别是在近年来精准扶贫的过程中，落后农村公益文化建设有较大的突破，但与农村群众日益增长的文化需求还有一定差距。据调查，落后农村公益文化设施与服务还存在诸多问题。比如，"一些乡镇综合文化站和村文化室（综合文化服务中心）文化管理人员不到位……有的文化设施管理员身兼数职，不能全身心地投入到文化工作中去；有的文化设施管理人员知识水平有所欠缺，专业技能较低，不利于文化设施的维护和更新……很多从事农村公共文化设施管理的人员都不愿长期从事这项工作。"[①] "部分乡镇综合文化站和村文化室（综合文化服务中心）的内部功能室不健全，设备配置不达标，文化活动器材少，信息共享电子设备缺乏更新，这对于群众文化活动的开展形成了一定的障碍。另外，乡镇综合文化站和村文化室（综合文化服务中心）的图书陈旧、数量不齐全。有些农家书屋长期没有人管理，借阅图书的人也比较少。整体上看，乡镇综合文化站和村文化室（综合文化服务中心）的文化设施比较落后，管理水平和服务效益比较低。"[②] 诸如此类问题，使得农村公益文化活动场所难以发挥宣传、教育、辅导、娱乐功能。对此，我们认为，落后地区各级党委和政府，要深入贯彻落实中央的相关政策，将落后农村乡镇综合文化站与村文化室（综合文化服务中心）建设纳入未来经济和社会发展总体规划，分步加以推进。切实理顺落后农村乡镇、村文化机构管理体制，建立和完善乡镇综合文化站或村文化室（综合文化服务中心）工作规范与考评机制，确保落后农村乡镇综合文化站或村文化室（综合文化服务中心）建设沿着正确的方向发展。

二、推行乡镇文化站管理新体制

在落后农村公益文化设施建设与服务管理中，可以探索人事管理、文化设施建设与使用管理新的模式，以适应信息社会发展的要求。

县、乡镇、村文化活动一体化。整合县、乡镇、村基本公益文化设施，使县、

---

① ② 狄国忠. 宁夏贫困县（区）农村公共文化设施"软件"建设的"硬思维"[J]. 宁夏党校学报，2017（4）

乡镇、村文化机构（馆、站、室）形成一个相互联系的有机整体。从人事关系的角度看，将乡镇综合文化站、村文化室（综合文化服务中心）文化专干的人事关系和工资关系放在县级文化行政主管部门，实现"管人、管钱、管事"三者相统一。从文化单位的角度看，将具有某一功能的文化设施视为文化机构（馆、站、室）共有资源的组成部分。例如，图书馆（室）是文化机构（馆、站、室）共有资源的组成部分，它不是设立于文化机构（馆、站、室）之外的。从发挥作用的角度看，某一功能的文化设施比如图书馆与其他设施诸如电脑室、娱乐室、影视厅、书画展览室等组成平行设置，它们相互弥补，共同发挥作用。

县、乡镇、村文化资源的共享。落后农村公益文化设施与县文化活动机构的文化网络资源是一体的，不是自我封闭的，而是开放的。一是县、乡镇、村文化宣传机构形成一个有机整体。各级宣传文化馆、站、室之间纵向资源整合，网络信息资源共享，业务相互配合。二是县、乡镇、村文化机构公共资源共享。例如，通过流动图书馆（"大篷车"的形式）流动借阅的形式，使县、乡镇、村的图书馆（室）之间相互调剂。通过互联网使县、乡镇、村信息平台拥有共同的信息资源。"农民只要轻点鼠标，便可进入百色市农业信息网，网上所设的 22 个工作站，可连接农业部、广西农业厅的农业信息网站。"[1] 信息网络系统为农村群众提供了极大的便捷与服务。

三、加强农村文化人才队伍建设

落后农村公益文化事业的发展，需要大量的文化人才的支撑，加强发掘、培养和引进高素质的文化人才队伍，是推进农村公益文化发展的根本。

要突出本土人才的发掘和使用。在落后农村公益文化事业发展中，要充分发掘乡镇本土文化人才。文化部门要"加强对民间文艺团体和民间艺人的指导和管理。这批人分散在农村各地，或自娱自乐，或巡回演出，深受农村群众喜爱。文化主管部门要配合乡镇加强管理，不定期地对其进行业务指导"[2]。

---

① 廖业扬，黄建梅.民族地区公益文化建设的新模式——对右江河谷宣传文化网络建设的思考[J]. 广西社会科学，2005（8）
② 赵维恭.文化建设的价值自觉[A].全国"文化建设与价值自觉"学术研讨会暨陕西省价值哲学学会第十八届年会论文，2013-10-25

要进一步壮大农村本土文化人才队伍。通过有组织的培训或支持拜师学艺的方式培养大量的农村本土文化艺术积极分子，使他们成为当地各类文化艺术活动的骨干。中央财政要专项列支，为落后农村培养（训）本土文化实用人才，相关省、市、县也要制订农村文化队伍培训项目计划，划出专项经费支持相关部门举办农村各类本土文化人才培训班。

要发挥专兼职农村文化人才队伍的作用。落后农村专兼职文化人才，"包括县级文化职能部门及乡镇文化机构工作人员，农村负责管理文化建设的人员、农村各种文化团体的成员及农村文化能人"[①]。推进落后农村公益文化设施建设与服务离不开文化人才的智力支持。一是"培养一支责任心强、专业素质过硬和组织能力较强的文化从业人员队伍"[②]。二是通过大学生村官等途径，激励有志于文化事业的大学毕业生从事农村公益文化事业。三是组织文艺工作者和专业文化工作者深入农村基层"种文化"，培训与指导农村文化工作者队伍。四是发挥民间艺人的作用，传承优秀传统民间文化，活跃农村文化生活。五是调动农村群众自办文化的积极性，帮助发展农村业余文艺队伍。

第三节　发挥落后农村公益文化设施建设与服务主体的主导作用

落后农村公益文化建设，既要发挥各级相关领导机构和领导的作用，又要充分发挥农村文化人才与农村群众的主体作用。

一、充分发挥农村群众在农村公益文化设施建设与服务中的主体作用

在落后农村公益文化设施建设与服务中，要发挥农村群众的主体作用。农村群众有钱的出钱，有力的出力。在有集体经济的自然村可以把集体经济的一部分用来发展农村公益文化事业；在没有集体经济的地方，可以采取政府出资、农村群众出劳动力的办法，补齐农村公益文化设施短板。同时，也要引导农村群众参与农村文化管理。

---

①② 江荣全.农村公共文化服务平台构建机制探讨［N］.学习时报，2011-01-10

调动农村群众参与公益文化活动的积极性。落后农村公益文化建设的目的是满足农村群众文化需求、提高农村群众思想文化素养。在落后农村公益文化设施建设与服务中，几乎所有的行政村及部分自然村都已有相应的公益文化设施，现在主要的问题是如何用好这些公益文化设施，调动农村群众参与农村公益文化活动的积极性。首先，要从农村群众日益增长的精神文化需求入手，尽可能提供更多的公益文化产品和服务。其次，要立足实际，根据农村群众文化基础和兴趣，引导农村群众依托公益文化活动场所自办文化，以更好地调动农村群众参与农村公益文化建设的积极性。再次，要提高农村群众自我管理公益文化活动的水平，创造农村群众参与公益文化活动的良好氛围，吸引更多农村群众参加公益文化建设。最后，引导农村群众参与创办积极健康向上的文化活动。农村基层文化部门要结合当地农村文化建设中存在的问题，有的放矢地加以解决。通过开展形式活泼、健康向上的文化活动，吸引农村群众参与，丰富农村群众的文化生活，抵制农村消极文化思想。当前，一些地方彩礼过高，民风不正，一些地方农村赌博风盛行，在一定程度上是由于农村文化建设滞后造成的。丰富农村群众的文化活动，培养科学健康的生活方式，营造文明的民俗乡风，离不开积极健康的文化活动。因此，要在坚持自愿原则的基础上引导农村群众积极参与公益文化事业。

培育发展农村公益文化的带头人。从繁荣发展农村公益文化的角度看，发展农村公益文化事业，必须培育推进农村文化繁荣发展的带头人。通过农村文化"带头人"的引领带动，形成各种民间艺术团，带动众多群众参与其中自娱自乐。比如，宁夏固原市原州区有名的文化能人王永红自己创编舞蹈《绣金匾》、快板《共产党政策就是好》、宁夏道情《四位大娘夸养老》。他创建的文化大院陆续布置了书画作品陈列室、刺绣室等。原州区梁云文化大院开设皮影、书画、戏曲表演等活动场地，还自办了农村非遗展示陈列馆，集中展示六盘山地区农耕文化。由20多名农民文化"能人"和退休干部组成的宁夏中宁县新堡镇"夕阳红"文化大院，自编自演原创作品等。因此，相关部门应当加强对农村公益文化带头人的培养，鼓励他们参加各种比赛，并给他们创造带动农村公益文化发展的良好环境。

加大群众认可的农村文艺团队的资金投入。目前，落后农村大部分村集体经济有限甚至就没有集体经济，而落后地区县（区）、乡镇政府对于农村文艺队的经费支持主要有几种情况：一是春节等节庆期间对一些农村组织的文化活动进行经费支持，以活跃农村群众的文化生活。二是一些农村文化团队参加上一级机构组织的文艺表演或才艺竞赛，县（区）、乡镇予以经费支持。三是对一些农村群众认可的文化大院，相关组织给予一定的经费支持。除此之外，许多农村文化活动或文化表演的活动经费主要靠村民集资。因此，除了调动群众积极捐赠经费支持农村公益文化事业之外，各级政府部门要把农村文化公益事业发展费用纳入财政预算，鼓励有关组织或个人建立专项的农村公益文化建设基金，支持各级慈善机构建立文化扶贫基金支持农村公益文化事业。

培养村级文化管理人才。推进落后农村公益文化设施建设与服务，既要重视设施的"硬件"建设，更要重视管理与服务的"软件"建设。近年来，围绕农村公益文化设施建设与服务，各级政府不断加大经费投入力度，出台了一系列推进落后农村公益文化设施建设与服务的政策措施，实施了一批农村公益文化建设工程，不断促进农村公益文化设施的完善，提高落后农村公益文化服务的水平；但也存在着部分农村公益文化设施利用率较低甚至闲置的现象，存在着大部分农村文化设施管理人员和技术人员缺乏、文化宣传环节薄弱等问题。解决这些问题，必须选拔、招聘、培养村级文化管理人才，选拔培养一支高素质的村级专职文化资源管理员队伍。"通过一定的优惠政策，积极引导大学毕业生到农村基层文化部门工作；根据村级文化管理员的实际情况，适当提高他们的工资水平，并在政治上关心农村文化管理人员的发展。制定合理的激励机制，调动农村公共文化服务人员的积极性和创造性。"[①]

鼓励农村群众参与地方特色文化活动。要保证农村群众文化工作的健康有序发展，必须鼓励他们积极参加地方特色文化活动和日常文体活动。

一是努力丰富广场文化，使之成为培育地方特色文化的一块沃土。

二是引导组建各具特点的文体活动队。对于积极健康的文体活动队，地

---

① 狄国忠．宁夏贫困县（区）农村公共文化设施"软件"建设的"硬思维"［J］．宁夏党校学报，
    2017（4）

方政府应给予经费支持。

三是把教育引导与创建文化社区紧密结合起来，使之成为推动农村文明进程的主阵地。

四是培育农村群众"友善亲和、关爱互助、和睦相处、文明和谐"的邻里和谐文化，使之成为发展农村文化、践行社会主义核心价值观的主导力量。

五是在乡镇综合文化站或村综合文化服务中心举办讲座、展览，播放专题片等，传授生产生活的基本技能，提高脱贫致富的技术水平。

二、发挥地方政府在农村公益文化设施建设与服务中的主导作用

加强地方政府在落后农村公益文化设施建设与服务中的目标管理。落后地区县、乡两级党委、政府要充分认识农村公益文化建设在我国现代化建设中的重要性。农村公益文化建设是乡村振兴的重要组成部分，是提高农村群众素质的重要途径，是调动农村群众生产积极性的智力支持，是实现"两个一百年"奋斗目标的基本要义。加强落后农村公益文化设施建设与服务，推动农村文化发展，是调解农村社会关系、化解社会矛盾、构建和谐农村的基础。地方政府要鼓励农村群众积极参加农村公益文化活动，大力扶持健康有益的适合于农村发展的文化产品与服务。要根据农村文化活动的特点，加强重点时段、重点区域农村文化活动的管理。特别是对农村文化活动的内容与形式加大监管，内容上必须与党和国家的大政方针相一致，弘扬正能量；形式上，为农村群众喜闻乐见。坚决杜绝各种格调低下、内容不健康的文化演出。坚决堵住"文化垃圾"在农村蔓延，制止腐朽落后文化毒害农村群众，营造扶持健康文化，确保用先进文化占领农村思想阵地。

加强地方政府在落后农村公益文化设施建设与服务中的政策保障机制。落后农村公益文化设施及服务是农村群众基本文化权益的基本保障，是提高农村群众文化素养的基本保证，因而地方政府要发挥主导作用，提供政策保障。当然，政府及其文化主管部门的主导作用，主要是对落后农村公益文化设施建设和服务的"直管"与"监管"。发挥主导作用的重点是，根据国家发展的战略要求，对落后农村公益文化设施与服务进行战略规划，及时把落后农村公益文化设施与服务平台建设纳入实施乡村振兴战略的组成部分，纳入各级政府财政预算，纳入各级政府的年终考核目标；发挥主导作用的关键是，建立落后农村公益文化设施建设与服务的政策法规促进机制。

地方政府要推进中华优秀传统文化在落后农村公益文化设施建设和服务中的传承与创新。从农村公益文化设施建设的角度来说，我国广大农村的一些建筑和设施保留了中华优秀传统文化的基因，因而，落后农村公益文化设施建设也可以在创新的基础上传承一些中华优秀文化基因元素。一定意义上，农村文化设施也是潜移默化影响农村群众的文化因素。农村公益文化基础设施，不仅反映了它们所处的文化环境的特征，而且其结构以及内部的设计风格也会影响人们（居住者）的行为方式。正如丘吉尔所说，我们塑造了建筑物，而建筑物也塑造了我们。当我们把优秀传统建筑文化揉进公益文化设施的建筑时，这些建筑也可以通过信息的传递而影响我们的行为。从文化发展的角度说，如果农村公益文化设施建设与服务跟不上时代发展的步伐，农村文化资源得不到挖掘，蕴藏在农村文化中的地方戏剧文化等文化元素就会逐渐消失，弘扬中华优秀传统文化的载体减少，农村群众接受中华优秀文化影响的氛围遭到破坏，农村群众的精神生活就会出现断层现象，中华美德逐渐会丢失，使得封建糟粕的东西盛行，赌博等现象横行。

地方政府要在农村公益文化设施建设与服务中保护和利用农村特色文化。"由于中国传统文化发端于农耕文化，从某种意义上说'中国的文化之根在农村'，其本根就是农业文化。农村传统文化资源极为丰富，民间工艺、民间音乐、民间美术、民间舞蹈、地方戏曲、神话传说、史诗民谣、传统建筑等数不胜数，它们经过历史的沉淀，已经扎根于农村的广阔土地，成为新农村建设的精神血脉和延续基因。中国最深厚最古老的文化在农村，文化建设的根砥也在农村。"① 我国落后地区的一些农村还比较完好地保留着部分原始的古村落和文物。在落后农村公益文化设施建设与服务中，要切实做好古村落的文物保护工作，各县（市、区）要多渠道募集资金，抢救维修古村落中濒临倒塌的文物古建筑。同时，要制定古村落文物保护管理措施，要继

---

① 门献敏.论农村社区公益性文化建设的理论基础与战略原则［J］.探索，2011（1）

续搞好散落在民间的非物质文化遗产的保护和利用。事实上，研究保护民间的非物质文化遗产，就是在弘扬民间优秀文化传统和地方特色文化。要利用节庆日和农民文化艺术节活动，积极挖掘独特的民间民俗文化资源，不断整理民间艺术，创新民俗文化和民间艺术的现代表现形式，并组织农村群众开展形式多样的文艺表演、民俗风情展演及美术、书画、剪纸、摄影展览等活动，使农村群众在参与文化活动的过程中感受中华优秀传统文化的魅力，陶冶农村群众的道德情操，提高农村群众的文化素养。

第十三章
我国落后农村公益文化设施
建设与服务的个案研究

    宁夏落后农村公益文化设施建设与服务是我国农村公共文化设施建设与服务的重要组成部分,按照文化部等七部委印发的《"十三五"时期贫困地区公共文化服务体系建设规划纲要》的部署,宁夏回族自治区党委、政府将全区落后农村公益文化设施建设与服务工作,与脱贫攻坚及乡村振兴战略相融合,全力推进和持续改善农村公益文化设施建设与服务。

第一节　宁夏落后农村公益文化设施建设与
服务的主要成效

    近年来,宁夏不断推进落后农村公益文化设施建设与服务工作,加快完善落后农村公益文化设施，提高落后农村公益文化服务水平，以实现全面建成小康社会的总目标。

一、加强顶层设计，引导和规范农村公益文化设施建设与服务工作

为了进一步提升全区落后农村公益文化设施建设与服务的标准化、均等化水平，宁夏回族自治区党委、政府强化相关领域的政策、措施等顶层设计，加快推进落后农村公益文化设施建设与服务工作。

"十三五"时期是宁夏精准打好打赢脱贫攻坚战、全面建成小康社会决胜阶段，是加快推进落后农村公益文化设施建设、提高落后农村公益文化服务水平的关键时期。为此，宁夏回族自治区党委、政府坚持问题导向，按照"补齐短板、巩固提高、全面推进、协调发展"的建设思路，制定出台了一系列加快推进落后农村公益文化设施建设与服务的政策及实施方案，为落后农村公益文化设施建设与服务提供有力支撑。2017年2月，出台《宁夏公共文化服务体系"十三五"建设规划》，特别将建管用协调发展纳入规划；通过印发《关于加快构建现代公共文化服务体系的实施意见》和《基本公共文化服务实施标准（2015—2020年）》，划定了宁夏落后农村公益文化设施建设与服务基本保障"底线"；制定出台了《关于推进基层综合性文化服务中心建设的实施方案》《关于做好政府向社会力量购买公共文化服务工作的实施意见》等配套政策；先后制定出台了《贯彻落实"十三五"时期贫困地区公共文化服务体系建设规划纲要实施方案》《宁夏文化扶贫工程贫困地区村综合文化服务中心项目实施方案》等政策、文件，明确了落后农村公益文化设施建设与服务的工作任务、重点项目，以明确责任分工、制定时间表和路线图的措施，加快实现预定的目标和任务。

二、农村公益文化基本设施建设成效显著

2012年，宁夏落后农村建立起了乡镇、村公益文化设施网络，基本实现了落后农村公益文化基础设施全覆盖，实现了乡镇有综合文化站、村有综合文化室（文化服务中心）。党的十八大以来，宁夏不断完善落后农村公益文化基

础设施建设，着力解决落后农村公益文化基础设施面积不足、功能不全、不达标的问题，补齐落后农村公益文化基础设施短板，扶持落后农村文化大院建设以及易地搬迁移民新村文化活动室建设，推动落后农村基础设施的均等化、标准化建设等。"十二五"以来，乡镇综合文化站达标率达到90%，行政村（社区）综合文化服务中心覆盖率达到78%。

"十三五"时期，宁夏立足补齐落后农村公益文化设施短板，全面推进乡镇综合文化站和村综合文化服务中心全覆盖、标准化建设。2016年，宁夏落后地区"百县万村"综合文化服务中心示范工程，实施110个村综合文化服务中心和100个示范性农民文化大院建设工程，示范带动全区文化脱贫攻坚整体推进，落后地区县、乡、村公共文化设施配套完善率达75%。2017年，宁夏贫困地区全面实施文化扶贫工程以及村综合文化服务中心建设工程，"截至2017年9月底，建成606个村综合文化服务中心，并对其余555个村进行功能提升，做到文化设施到村、文化服务到户、文化普及到人、文化扶贫到'根'。"[①]实现了贫困地区村综合文化服务中心全覆盖。

三、农村文化惠民工程成效明显

文化惠民工程是我们党提出来的一项惠及全国百姓、普及大众文化的工程。文化惠民工程具体是指广播电视村村通和户户通工程、农村电影放映工程、农家书屋工程等项目组成的系列工程。

实施广播电视村村通工程。广播电视村村通工程"是为了解决广播电视信号覆盖'盲区'的农村群众收听广播、收看电视问题，由国家组织实施的一项民心工程"[②]，是新中国成立以来，全国广电系统实施的投入最多、时间最长、覆盖面最广、受益人数最多的一项系统工程。宁夏从1999年开始实施广播电视村村通、户户通工程，2000年初完成了220个50户以上自然村村村通工程，解决了5.29万农村群众看电视难的问题。2005年，通过MMDS微波无线发射等手段，宁夏率先在全国免费向80%左右的农民传送8套电视节目，并初步建立了"三级管理、四级服务"的公共服务长效机制。"2007年底，

---

① 文化部调研督查宁夏贫困地区公共文化服务体系建设情况［N］.中国文化报，2017-10-26
② 许国龙.广播电视无线盲区覆盖的解决方案分析［J］.中国传媒科技，2013（4）

宁夏提前完成了'十一五'规划的20户以上盲点自然村听广播看电视的任务，实现了全区90%的农户免费收看8套电视节目的奋斗目标。"[1] 2011年9月，宁夏正式启动直播卫星户户通工程。2011年底，宁夏在全国率先基本实现直播卫星公共服务户户通目标。[2] 由此，全区2317个村约80万户300万人可以免费收看六七十套电视节目，收听十几套广播节目。2017年，完成了贫困地区606个村综合文化服务中心广播器材的配备任务。[3] 广播电视村村通、户户通工程的实施，有力推动了宁夏落后农村公益文化设施建设。

实施农村电影放映工程。宁夏落后农村"一村一月放映一场数字电影"目标的实现，惠及落后农村群众。《国家"十二五"时期文化改革发展规划纲要》提出："十二五"期间，"农村数字电影放映工程：农村流动银幕达到5万块，每个行政村每月放映一场数字电影，每学期农村中小学生观看两场爱国主义教育影片。"[4] 2008年开始，宁夏落后农村实施数字电影放映，并实现了"一村一月放映一场数字电影"的目标，成为全国首个实现农村电影数字化放映的省区。自2012年以来，宁夏落后农村每年都完成4万多场电影放映任务，惠及全区22个市、县（区）的2336个行政村、156个移民村、300多个农林牧场及社区群众，受益人次达650多万。近10年来，宁夏将农村电影放映列入民生计划，实现落后农村电影数字化全覆盖。

实施农家书屋工程。农家书屋工程基本解决了宁夏落后农村看报读书难的问题。农家书屋工程始于2005年，自2007年以来，连续几年的中央一号文件和政府工作报告都提出要抓好农家书屋等重点工程。2007年3月，新闻出版总署会同中央文明办、国家发改委、科技部、民政部、财政部、农业部、国家人口计生委联合发出了《关于印发〈"农家书屋"工程实施意见〉的通知》，在全国范围内开始实施农家书屋工程。"每一'农家书屋'原则上可供借阅的实用图书不少于1000册，报刊不少于30种，电子音像制品不少于100种

① 鲁忠慧.宁夏公共文化发展述略［J］.共产党人，2014（23）
② 2011年度宁夏十大新闻：扶贫攻坚排第一［N］.宁夏日报，2011-12-30
③ 宁夏：率先实现贫困地区村综合文化服务中心全覆盖［N］.新华社，2017-10-04
④ 中办国办印发国家"十二五"文化改革发展规划纲要［N］.新华社，2012-02-15

（张）"①。宁夏落后农村农家书屋工程建设始于 2007 年，2007 年建成 1 个，2008 年上半年建成 10 个，2009 年全区正式授牌的农家书屋共计 200 个，2010 年建成 1100 个，2011 建成了 1475 个。截至 2011 年底，宁夏落后农村农家书屋基础建设工作基本完成，全区共建成 2786 个农家书屋，率先在西部地区实现了农家书屋覆盖所有行政村的目标。2013 年，宁夏积极推进卫星数字农家书屋的建设工程，落后农村建设农家书屋 2786 个，由自治区财政投资 1092 万多元建设的卫星数字技术已经覆盖了 2319 个行政村的农家书屋，全面完成了卫星数字技术对所有行政村的全覆盖，同时给予每个农家书屋 1000 元的图书补充资金。自 2012 年以来，在农家书屋全覆盖的情况下，农家书屋建设从基础设施转向了图书针对性的配置，每年给予每个书屋 2000 元的图书补充资金。

四、农村公益性文化产品与服务供给成效突出

在农村公益性文化产品与服务供给方面，宁夏充分利用已经建立起来的公益文化基础设施网络，在推进落后农村文化惠民工程过程中，创新服务方式，拓宽服务渠道，努力为落后农村群众提供丰富多彩的公益性文化产品和服务。

依托图书馆、文化馆（站）、农家书屋及村综合文化服务中心等公益文化基础设施为落后农村群众提供公益性文化产品与服务。农村基层图书馆、文化馆（站）、农家书屋、村综合文化服务中心是开展农村公益性文化服务产品供给的重要场所，是保障农村群众基本文化权益的重要阵地。目前，宁夏落后地区的县图书馆、文化馆，乡镇综合文化站、农家书屋及村综合文化服务中心已经实现了无障碍、零门槛进入。宁夏落后地区的各县（区）通过整合资源、共建共享，提升乡镇（街道）综合文化站、村（社区）综合文化服务中心综合服务效能，打出适合农村群众多样化文化需求的"组合拳"，将农村公益性文化服务延伸辐射到"最后一公里"。隆德县陈靳乡新和村综合文化服务中心融秦腔表演、高抬马社火展示、农家小院休憩、文化长廊观展、电商销售服务于一体，丰富了农民"文化粮仓"。充分利用冬季农闲时节，调动乡村文化能人在文化站、综合文化服务中心为群众自编自演具有地方特色的文艺节目。据不

---

① 关于印发《"农家书屋"工程实施意见》的通知［EB/OL］. 新闻出版总署网站，2007-03-28

完全统计，宁夏 193 个乡镇综合文化站年均累计开展各类群众文化活动 37068 场次，指导发展民间文艺团队 1075 个常年开展活动，以乡镇文化站为主要资源供给平台，提供公益文化服务，惠及群众全年约 530 万人次。宁夏现有农民文化大院 730 个。农民文化大院主要以民间文化能人和退休居住农村的文化热心人为骨干自愿组织开办，起初都在农民自家大院开展活动，后来有些新建立的文化大院逐渐延伸到农家周围闲置的村部、学校、农家乐和民间非遗传习基地场所开办。文化大院一般都在闲暇时间，吸引当地群众参与开展农村小戏、歌舞排练表演和民间书画练习创作、民间手工艺制作等活动，自娱自乐。固原市原州区运行情况好的示范性农民文化大院有 20 多家，覆盖 11 个乡镇、3 个街道。中河乡庙湾村梁云文化大院除了日常组织农村群众排演小戏、歌舞外，还收藏展陈老物件、农耕生产生活器具，开展民间剪纸、刺绣等非遗传习活动，带领农村群众保护传承民间优秀文化遗产。三营镇鸦儿沟马志学文化大院以回族山花儿传承为主，引导农民开展民歌传唱活动。北塬什里社区王永红文化大院以书法绘画学习创作、手工艺制作传习为主，丰富群众业余文化生活。据统计，宁夏农民文化大院每年自发组织开展文化活动 1.8 万场次以上，为丰富农民文化生活、引领农村新风尚，发挥了积极作用。

依托广播电视村村通、户户通工程和农村电影放映工程以及文化信息资源共享工程，为农村群众，特别是落后农村群众提供文化服务。通过广播电视村村通、户户通工程，有效提高相关文化服务。截至 2013 年 3 月，宁夏在全国率先实现了广播电视户户通，有 300 万人可以免费收看到六七十套电视节目，收听十几套广播节目。[①] 近 5 年来，宁夏落后农村认真落实每村每月放映一场数字电影的文化惠民工程，在农村放映电影 20 万场次以上，观影约 3000 万人次。宁夏通过文化信息资源共享工程，实现了文化信息资源与现代化远程教育、互联网涉农服务、农村综合信息平台——呼叫中心等网络系统等的共建共享，极大地提高了文化信息资源服务于乡村振兴战略的需要。

积极开展多种形式的农村群众文化活动。目前，宁夏落后农村基本建成了较为完备的公益文化设施。一是借助文化广场开展群众性的文化活动。年均

---

① 从"村村通"到"户户通"的跨越［N］.光明日报，2012-03-28

开展广场群众文化活动 1500 场。比如，利用"清凉宁夏"广场文化展演、中国西部民歌（花儿）歌会、"欢乐宁夏"全区群众文艺会演、"新春乐"全区社火大赛、农民艺术节等平台，衍生出一系列有特色、接地气、贴民心的文化惠民活动，形成"群众演、演群众、演给群众看"常态化机制。二是组织民歌传唱活动。在宁夏举办中国西部民歌（花儿）歌会（已连续举办 14 届），固原市每年举办"花儿漫六盘"、原州区"西海子花儿歌会"，带动民间民歌花儿传习传唱活动"火"起来，并经常性开展花儿传唱交流活动。三是举办各种群众喜闻乐见的歌舞戏剧社火等活动。比如，开展群众便于参与的歌舞（合唱、独唱、舞蹈）、戏剧（秦腔、眉户剧、地方道情）、小品、曲艺、社火（秧歌、锣鼓）等。原州区、西吉、隆德、彭阳等地的民间文艺团队，经常组织开展具有区域传统文化和民俗文化特色的秦腔、眉户和社火等表演活动。四是文艺会演、比赛等活动帮助基层"种"文化。通过举办"欢乐宁夏"全区群众文艺会演，采取县（区）初赛、地市复赛、全区决赛形式，要求各级文化馆派辅导员跟进指导，帮助群众写剧本、编排节目，推动基层每年创作群众喜闻乐见的文艺节目 120 多个，演出 80 多场次，参与表演群众近 2 万人，观众达 40 万人次。五是借助"春雨工程"全国文化志愿者宁夏行服务平台，面向落后农村群众开展演出、展览和培训等文化志愿服务活动。

以文化、科技、卫生"三下乡"活动为落后农村群众送文化。自 1996 年以来，宁夏一如既往地大力开展"三下乡"活动，不断创新送戏下乡的形式，年均送戏下乡 1600 场。同时为示范性农村文化室、农村文化大院、示范性文艺队和生态移民点配送图书和文化活动器材。宁夏文化"大篷车"为落后农村群众享受公益性文化产品与服务提供了重要的服务平台。宁夏文化"大篷车"作为"中国第一流动舞台"，自 1984 年开展以来，一直用老百姓看得懂、听得懂的方式，把"文化惠民"的声音传递到千家万户。另外，红寺堡区等县（区）民间文艺团队把送戏下乡演出纳入政府购买服务范围。

鼓励落后农村群众自办文化。随着生活条件的改善，农村群众的精神文化需求开始提升，以家庭为单位的自娱自乐文化活动越来越频繁，发展农家文化大院和文化中心户成为落后农村公益文化服务与公益性文化产品供给的重要补充。为鼓励和扶持落后农村群众自办文化，自治区文化部门采取积极有效措施，鼓励农村群众自办文化大院、文化中心户、民间文艺团队、群众广场健身舞队等多种形式的文化活动组织，支持农村群众兴办农民书社、电影放映队，激发民间文化建设的内生动力，丰富基层文化生活，促进公共文化服务由政府主导向多元化、社会化转变。据统计，截至 2017 年 6 月底，农村群众组建的业余剧团、自乐班、社火队已遍及宁夏 187 个乡镇，一些农村文艺骨干带领众多有才艺的农民，自编自导了秦腔、快板、眉户剧等老百姓喜闻乐见的文艺节目，不仅满足了农村基层文化的需求，还培养起了一支支农民自己的文艺队伍，为落后农村公益文化建设奠定了良好的基础。近几年，宁夏落后农村共培育民间文艺团队 1136 个，每年演出近 4 万场次，参加排练表演群众 3.7 万多人，依托乡镇（街道）综合文化站和村（社区）综合文化服务中心平台排练表演日益活跃和常态化。扶持发展农民文化大院 730 个，每年有 1.4 万余人参加活动，经常性在群众身边开展小戏表演和民间手工艺传习等文化活动 1.8 万场次以上。引导发展具有稳定人员的广场健身舞队伍 1750 多支，在公园、广场、社区和乡村等地，许多群众坚持每天早晚伴着欢快节奏跳起秧歌舞和健身舞，每年自发开展活动 35 万场次以上。总之，宁夏落后农村扶持农民文化大院等农民自办文化取得了一定的效果。

表 13-1　2017 宁夏中南部九县（区）公共文化建设成效

文化设施及艺人	2017 年
图书馆（个）	137
文化馆（个）	272
乡镇综合文化站（个）	224
村综合文化服务中心（个）	1266
民间文艺团队（个）	23150
农民文化大院（个）	5560
乡土艺术人才（人）	2100

五、农村公益文化服务人才队伍建设成效明显

人才队伍建设是宁夏落后农村公益文化建设的重要内容，也是落后农村公益文化服务中的短板。为了补齐人才短板，宁夏建立并持续完善落后农村公益文化人才培育、培训的常态化机制。一是建立自治区、市、县三级培训机制，依托各级文化馆、图书馆和职业学院对落后农村文化人员每年至少集中培训1次，培养发展乡土文化能人和民间艺术传承人。二是实施"一员三能"提升工程，加强对落后农村文化管理人员和文化骨干的培训，提升政治素养、专业技术和服务管理能力。三是实施"阳光工程"农村文化志愿者行动计划。2016年以来，累计招募79名农村文化志愿者和乡村学校、少年宫辅导教师15名，安排他们到落后农村综合文化服务中心和乡村学校开展文化志愿服务工作。四是实施"三区"人才支持计划。2013年以来，累计选派880名专业人才到落后地区开展农村文化辅导培训工作，培养基层文化骨干。五是要求乡镇综合文化站和村综合文化服务中心必须配备专职文化专干，同时采取下派文化辅导员、文化能人代管、购买公益岗位、招募文化志愿者驻乡入村协助等办法强化落后农村文化人才力量。如红寺堡区通过政府购买公益性岗位，为每个乡镇综合文化站招聘1名文化专干。六是培训管理服务工作者。2017年，自治区财政支持落后农村综合文化服务中心招聘716名文化专管员，集中培训上岗开展管理服务工作，每年每人补贴6100元，基本实现了落后地区农村文化工作"有人抓、有人管、有人干"。七是加强农村业余演出人员、业余电影放映人员、农村义务文化管理员以及社区文化指导员等业余队伍的培训。

六、农村发展"非物质文化遗产+"卓有成效

宁夏落后农村富有剪纸、刺绣、砖雕以及皮毛制作工艺等非物质文化遗产资源。宁夏从地方特色文化资源出发，以非遗生产性保护的方式，积极鼓励和支持非遗传承、保护与旅游的融合发展。一是建立非遗传承基地。以扶持建立非遗传承基地为抓手，鼓励非遗传承人和民间文化能人融入基地开展技艺传习与作品生产，推动传统工艺项目产业化发展，逐步把民间文化资源转化为经济资源，带动农村群众传习手工艺制作赚上"文化钱"。二是为非遗传承人搭

建对外交流、销售平台。组织非遗传承人参加国内外文博会、展览会等，搭建展示销售平台，畅通营销渠道，增加收入。组织落后农村刺绣传承人到江苏苏州市考察学习，邀请江苏刺绣专家来宁夏举办全区刺绣传承人培训班，提高技艺水平，促进作品生产和销售。支持海原县将刺绣、剪纸作为"离土"脱贫的产业之一，与苏绣研究所结对建立海原刺绣基地和非遗孵化产业创业基地，联姻上海、苏州等地知名公司，探索公司＋合作社＋专业村＋专业户的发展路子，打造"前店后厂、订单制作"模式，培训建档立卡贫困户 2600 人次，年产值 1500 多万元，620 户建档立卡户妇女在照顾好老人和孩子的同时，足不出户就能创收 1000~3000 元。初步形成 8 家专业合作社、12 个专业示范村、2900 名专业制作人的产业规模，产品进入国内重要展会、旅游区展出销售，圆了山区妇女的创业致富梦。三是积极鼓励和支持非遗传承人，采取"非遗＋"的发展思路，生产性保护和传承非遗技能、技艺。吴忠巧儿刺绣坊、隆德魏氏砖雕有限公司、盐池恒纳手工地毯公司等将传承培训和生产性保护相结合，采取"非遗＋企业""基地＋合作社"等形式，不仅使非遗项目得到广泛传播、发展，而且形成了开拓市场、增收富民的新途径。大力扶持特色文化产业发展，外引内联、提质增效，提升非遗特色产品研发和营销水平。西吉县金山文化大院将非遗资源与乡村旅游相融合，联合新营、二府营等 5 个村跨村联建非遗展示室、村史馆、民间才艺展示大舞台、体验性农家小院、小杂粮传统工艺加工等，让文化服务多了维度，让文化产业多了温度。

七、创新推进农村公益文化设施与服务体系建设

农村公益文化设施与服务体系建设，坚持以问题为导向，聚焦具体问题，提出具体步骤、具体政策，细化措施、细分责任、细排时间、细对难点、细研效果，形成"自上而下"顶层设计和"自下而上"机制创新，推进耦合联动的新格局。一是从农村公益文化设施标准化、均等化入手，坚持问题导向和需求导向，精准对标短板，集中财力物力打"歼灭战"，加快推进宁夏落后农村公益文化设施网络服务全达标全覆盖。按照国家和自治区有关标准要求，在乡镇综合文化站和村综合文化服务中心建设中，做到"五个统一"，即统一县（区）为实施

主体，文化厅与县（区）人民政府签订建设管理责任书；统一标准，要求乡镇综合文化站建筑面积 400 平方米，配套建设 1 个群众文化舞台、1 个 3000 平方米文化广场，村综合文化服务中心按照"七个一"标准建设；统一挂牌，由文化厅统一设计乡镇综合文化站和村综合文化服务中心的牌匾；统一制度，按照功能设置制定相应管理使用制度，要求上墙公开；统一设备采购，按照实际需求分别由各个主管部门统一采购配送；统一资金使用，将中央、自治区、县（区）及社会资金捆绑使用。二是在宁夏落后农村公益文化服务体系建设上，坚持"四个精准"（实施对象精准、资金投入精准、设施建设精准、服务保障精准），聚焦"四个工程"（安全工程、质量工程、阳光工程、民心工程），着力"五个到位"（认识到位、部署到位、资金到位、管理到位、责任到位）。三是按照自治区党委、政府确定的阶段性和年度文化脱贫任务，树立像抓经济工作一样抓文化建设的工作理念，积极争取中央支持，将自治区项目资金向落后农村倾斜，整合捆绑扶贫、乡村旅游、社区项目资金，引导当地企业家、致富返乡农民、乡土文化能人等社会力量投资文化建设，集中财力物力打"歼灭战"补短板，形成了文化部门牵头、相关部门协作、社会力量参与共建共享的工作格局。四是以民生实事计划为推动力，促进宁夏落后农村公益文化设施与服务体系建设。2017 年，自治区党委、政府将落后农村综合文化服务中心建设列入民生实事计划，有效整合公共资源、捆绑项目资金。五是自治区党委、政府成立公共文化服务体系建设协调小组和文化扶贫工程实施领导小组，牵头抓总，由分管领导任组长，相关部门主要负责同志为成员，协调指导相关事宜的执行与落实。六是建立了与落后农村公益文化服务体系建设需要相匹配的绩效考核评价。将落后农村公益文化服务体系建设项目列入自治区年度效能目标考核指标体系，建立考核评价机制，推动落后农村公益文化服务体系建设。

第二节　宁夏落后农村公益文化设施建设与服务的主要问题

近年来，宁夏落后农村公益文化设施建设与服务有了长足发展，但与全国发达地区相比仍然存在诸多困难和问题。宁夏落后农村仍然是公益文化设施建设与服务短板最多的区域。

一、乡镇领导对农村公益文化设施建设及服务管理的重视不够

随着我国经济社会的发展，农村群众对精神文化的需求与日俱增，但是在落后地区，乡镇政府更重视经济建设而忽视文化建设，个别乡镇领导把文化工作视为农村工作的非硬性指标，认为对政绩影响不大，没有真正把文化站工作纳入乡镇重点工作内容，致使农村文化工作被边缘化。一些地方政府没有形成"大文化"的共识，对文化工作重视不够、缺少支持，对经济与文化协调发展的理念不够清晰，致使公益文化服务相关部门（文化、广电、新闻出版、旅游、体育等）协调程度不够。有些乡镇忽视了文化站在乡镇政府中的地位，严重影响了落后地区的公益文化事业发展。

二、落后农村公益文化管理服务体制不完善

宁夏落后农村公益文化管理服务体制不完善。"一些乡镇干部重视农村公共文化设施前期项目建设的一次性投入，轻视这些设施后续运行和维护管理的经费投入。一些乡镇综合文化站和村文化室（综合文化服务中心）不能正常开放，平时很多文化室都是关闭的，导致公共文化设施使用率不高。"[1]"一些乡镇综合文化站和村文化室（综合文化服务中心）文化信息共享工程缺乏必要的软件支撑，文化设施运营维护和管理缺乏充足的经费。"[2]一些乡镇综合文化站和村文化室（综合文化服务中心）缺乏系统的、全面的公益文化设施管理的各项规章制度，农村公益文化设施管理也不够严谨和规范。一些乡镇综合文化站虽然程度不同地制定了诸如文化站站长岗位职责、图书借阅制度、设备器材管理使用制度等一些基本规定和制度，但总体来讲，制度比较零散，缺乏系统性，可操作性不强。纵贯自治区、市、县、乡四级政府，以及涵盖乡镇综合文化站建设、管理、运行和监督考评一体化的制度体系、服务标准和激励机制还未全面建立起来。一些乡镇综合文

---

①② 狄国忠．宁夏贫困县（区）农村公共文化设施"软件"建设的"硬思维"［J］．宁夏党校学报，2017（4）

化站和村文化室（综合文化服务中心）公益文化设施管理人员权利界定模糊，责任不明确。

三、落后农村公益文化设施建设存在短板

农村公益文化设施是政府提供的满足农村群众文化生活的最迫切的条件和基础。近年来，尽管宁夏落后农村公益文化设施数量有了大幅度的增加，但从实际情况看，有些乡、村公益文化设施仍然不足，多数基础设施建筑规模偏小，建筑面积仍然达不到国家标准，无法满足群众日益增长的文化需求。截止到 2016 年底，宁夏贫困地区还有 6 个县（区）文化馆、3 个县（区）图书馆没有或危旧不达标。原州区和盐池县图书馆陈旧简陋、面积小，传统的借阅服务功能尚不健全。目前，红寺堡区还没有文化馆；13 个乡镇没有综合文化站，40 个乡镇文化站仅利用乡镇政府 1~2 间办公用房临时挂牌办公，没有与保障基本公共文化服务功能相匹配的活动场所和器材设备；555 个村综合文化服务中心缺少文化、广电、体育活动器材设备。

四、落后农村公益文化服务不到位

宁夏落后地区"两馆"、乡镇综合文化站等公益文化设施数字化服务平台尚未建设。有些乡镇综合文化站和村文化室（综合文化服务中心）的内部功能室不健全，设备配置不达标，文化活动器材少，信息共享电子设备缺乏更新，这对于群众文化活动的开展形成了一定的障碍。"有些农家书屋长期没有人管理，借阅图书的人也比较少。整体上看，乡镇综合文化站和村文化室（综合文化服务中心）的管理水平和服务效益比较低。"[①] 有些乡镇综合文化站和村综合文化服务中心虽然制定了一些管理人员岗位职责、图书借阅制度、设备器材管理使用制度等，但总体看，制度比较零散，缺乏系统性和针对性，可操作性不强，契合各县（区）实际的公共文化服务管理运行、监督考评制度体系和激励机制还未建立起来。民间文艺团队、农民文化大院等群众自办文化的管理、考核、奖惩等制度设计滞后。

---

① 狄国忠. 宁夏贫困县（区）农村公共文化设施"软件"建设的"硬思维"[J]. 宁夏党校学报，2017（4）

五、农村公益文化服务中数字文化建设滞后

在落后农村公益文化建设中仍然存在公共数字文化服务网络不完善、重点工程缺乏有效统筹、社会力量参与不足、服务效能不高等突出矛盾和问题。大多数落后农村公益文化缺乏数字文化的提档升级，有些地方存在着无线网络覆盖不够，有些地方存在着数字文化工程建设滞后，有些地方存在着综合性数字文化服务平台缺少，有些地方存在着鼓励社会力量参与公共数字文化建设等有针对性的解决办法不多现象。

六、落后农村公益文化建设的创新不够

宁夏落后农村公益文化建设过程中如何从群众的实际需要出发，充分考虑基层特点、体现群众意愿，不断创新内容，创新形式，创新手段，多提供农村群众看得懂、用得上的文化产品不够；如何创新方式让群众能参与、好参与、乐于参与公益文化建设，"激励群众从'旁观者'变成'参与者'，使群众自主参与、自我教育、自我服务"[1]办法不多；"培育多姿多彩的文化活动形态，确保文化活动更好满足群众需求"[2]的文化活动创新、项目创新、载体创新力度不够；在"充分利用'互联网+'、移动通讯网、广播电视网等，实施数字图书馆、博物馆、美术馆、文化馆和数字文化社区等项目，推进基层公共文化服务数字化建设"[3]方面创新不够；如何"引导和鼓励科技企业与社会力量开设数字体验馆，促进线上线下互动，让更多群众零距离、无障碍地享受现代公共文化服务"[4]的方法不够。

七、落后农村公益文化管理的专业人才缺少

宁夏落后农村公益文化服务缺少专业的文化管理人才，特别是农村公益文化服务队伍力量薄、素质低、不稳定、专业人才缺乏。"一些乡镇综合文化站和村文化室（综合文化服务中心）文化设施管理员身兼数职，不能全身心地投入到文化工作中去"[5]。一些乡镇综合文化站和村文化室（综合文化服务

---

[1][2][3][4] 贾高云.通过创新提高公共文化服务水平［N］.人民日报，2016-01-21
[5] 狄国忠.宁夏贫困县（区）农村公共文化设施"软件"建设的"硬思维"［J］.宁夏党校学报，2017（4）

中心）的文化设施管理人员知识水平有所欠缺，专业技能较低。"一些乡镇综合文化站和村文化室（综合文化服务中心）的文化设施管理人员队伍流动性很大。"[①] 截至 2017 年 6 月底，宁夏乡镇文化站共有 413 名管理人员，虽然基本达到一站 1~3 名工作人员要求，但由于人员配置的不合理，整体存在着管理能力不强、服务水平不高等问题。人员配置大致分三种类型：一种属于乡镇在编干部兼职从事文化站管理工作。这类管理人员一边驻村一边抽空兼搞文化站业务，游离不定，"有人不专干"，导致文化站工作时断时续。一种属于乡镇政府接近退休的老同志被派驻文化站，由于年龄偏大、知识老化，加之缺乏文化业务专长，承担文化业务工作力不从心，"有人无心思"，导致文化站工作创新不够、活力不强、缺乏吸引力。一种属于"三支一扶"、大学生村官招考转岗到文化站，虽然年富力强，工作热情高，但由于 1~2 年后各奔东西，"有人不稳定"，导致文化站因管理人员断档、接续不及时而出现"关门"现象。

八、落后农村公益文化建设的财政保障能力有限

宁夏落后地区市、县（区）财力普遍薄弱，自身财政支出能力不强，除中央每年补助每个文化站 4 万元和地方财政配套 1 万元资金能够保证按时到位外，全区各级财政还未建立稳定长效的资金投入机制，文化投入渠道单一，社会力量支持文化事业发展的氛围还未形成。在农村公益文化设施建设、运营与维护，尤其乡镇综合文化站、村综合文化服务中心开展活动经费和工作人员劳务费等方面，地方财政困难，投入能力有限。有的县（区）虽然对文化建设有一些资金支持，但受财政保障能力制约，自身投入有限且没有形成长效稳定保障机制，公益文化服务建设大多靠中央转移支付资金解决。红寺堡区每年仅安排 20 万元用于春节文化活动和送戏下乡演出。有的县（区）、乡镇只在重大节日期间，才对文化站组织举办的大型群众文化活动给予适当补助，平时常态化运行经费还得不到有效保障。

---

① 狄国忠.宁夏贫困县（区）农村公共文化设施"软件"建设的"硬思维"[J].宁夏党校学报，2017（4）

九、落后农村公益文化服务管理的考核监督机制不够

在宁夏落后农村公益文化服务体系建设过程中，尚未形成一套有效的绩效考核机制，"部分地区即使建立了绩效考核机制，也只是为了绩效考核而绩效考核，并没有把公共文化服务体系建设取得的成果与绩效考核真正联系起来，也未将贫困地区文化建设的绩效考核与贫困地区的社会发展结合起来形成一个有机的整体。"[1] 由于缺乏及时有效的沟通反馈机制，即使建立绩效考核机制，那些绩效考核机制也"会流于形式，考核结果也不会得到充分的利用"[2]。同时，目前文化行政部门对落后农村公益文化建设的监督管理不够，"地方政府及文化管理者想起什么搞什么，拍拍脑袋就决定，文化建设存在较大的随意性和盲目性，决策行为不受监督，导致文化建设的形式化、表面化"[3]。

第三节　宁夏落后农村公益文化设施建设与服务的对策建议

宁夏要以习近平新时代中国特色社会主义思想为指导，进一步贯彻落实《中华人民共和国公共文化服务保障法》和《"十三五"时期贫困地区公共文化服务体系建设规划纲要》，按照宁夏回族自治区第十二次党代会提出的脱贫富民战略和扎实推进文化繁荣发展的总体要求，学习借鉴发达地区的先进经验和做法，努力推进落后农村公益文化事业的发展。

一、补齐落后农村公益文化设施与服务的短板

要推进"两馆"和乡镇综合文化站标准化建设，补齐落后农村公益文化设施短板，努力把宁夏建设成为全国落后农村公益文化服务示范省区。一是推进和补齐县（区）、乡镇、村公益文化基础设施建设。要根据达标率按计划分年度扩建或新建县（区）图书馆、文化馆等，以及乡镇综合文化站、村综合文化服务中心等公益文化基础设施。二是支持农村文化大院的文化设施建设。县（区）文化部门及财政部门要根据群众自办文化大院和民间文艺团队实际，对

①②③ 肖蒙.我国贫困地区公共文化服务体系建设研究［D］.山东财经大学，2016

具备一定基础条件的给予设备器材扶持。三是整合文化信息资源，创新服务方式，丰富落后农村公益性文化产品供给，推行"菜单式"服务模式，提升综合服务效能。有效整合县（区）图书馆文化信息资源和公共电子阅览室资源，逐步建立县域公共数字文化综合服务平台，征集加工少数民族文化、民间传统文化、红色历史文化等特色文化资源，建设地方特色文化资源库。

二、拓宽落后农村公益文化服务供给领域

要灵活采用有效办法，促进落后农村公益文化服务均衡发展。一是加大政府购买力度和资助措施。要加大购买落后农村公益文化服务的力度，资助民间文艺团队、农民文化大院等群众自办文化和演艺团体、文化企业等社会力量举办各类展演活动。二是完善落后农村公益文化管理和服务机制，促进建、管、用协调发展。县（区）政府要通过建立流动服务点、开展流动舞台演出和流动图书阅览等途径，解决地处比较偏僻、农村群众居住比较分散、经济条件一般、乡土文化能人比较少、农村群众经常性去文化站参加活动不多的问题。三是解决乡镇文化站存在的服务供给与群众文化需求之间的矛盾。各级政府要建立任务清单，经常性地对接当地群众文化需求实际，实施"菜单式""订单式"的精细化服务，解决落后农村公益文化服务不到位的问题。

三、加强落后农村公共数字文化建设

要推进落后农村公共数字文化设施提档升级。一是结合精准文化扶贫，将落后农村公共图书馆、文化共享工程、乡镇基层服务点建设纳入公共数字文化建设项目，实现农村公益文化建设提档升级，消除服务"盲点"，助力文化脱贫。二是开展落后农村数字文化资源配送活动和数字图书馆精准帮扶专项活动。加大公共数字文化资源和产品"点对点"直接配送力度，精准提供公共数字文化服务。三是引导和鼓励各地根据实际情况，"在人员流动量较大的公共场所、务工人员较为集中的区域以及留守妇女儿童较为集中的农村地区，配备必要的设施，采取多种形式，提供便利可及的公共文化服务"[1]。四是将务工人员作为重点对象，广泛开展公益性数字文化培训，帮助其掌握

---

[1]《中华人民共和国公共文化服务保障法》第三章第三十六条

互联网、获取数字化服务的基本技能。五是大力推进少年儿童数字图书馆建设，通过网站、手机、手持阅读器、数字电视、电子数据库等多种模式向青少年提供数字图书馆服务。六是推进残障人士数字图书馆、音频馆建设，建立残障人士阅读和视听服务体系。

四、加大落后农村公益文化建设的创新力度

要加大农村公益文化建设创新思路。一是加大文化内容和活动项目创新。县（区）、乡镇及所属文化部门要通过文化内容和活动项目的创新，培育多姿多彩的文化活动形态，确保文化活动更好满足群众需求。二是加大文化活动方式的创新。县（区）、乡镇文化部门要把"群众演、群众看、群众乐"的文化舞台搭到群众家门口，推出贴近群众生活的文化活动方式。三是加大文化产品的创新。县（区）、乡镇文化部门要建立"以需定供"的文化产品供给模式，通过开展调查、建立配送机制、组织文化活动，从数量、供给、服务等多方面，形成内容丰富的公益文化产品体系。四是加强文化与科技的对接融合，实现科技助推文化繁荣发展。省级宣传文化部门要推广数字文化社区等项目，实现文化资源的内容、载体、传播渠道的全面创新。构建集数字文化馆、图书馆、博物馆、文化交流互动平台于一体的数字文化网。

五、加大落后农村公益文化建设的财政投入

要积极争取中央支持落后农村文化建设项目资金。一是按照《公共文化服务保障法》第四十五条"国务院和地方各级人民政府应当根据公共文化服务的事权和支出责任，将公共文化服务经费纳入本级预算，安排公共文化服务所需资金"的规定和宁夏回族自治区《关于加快构建现代公共文化服务体系实施意见》的有关要求，采取自治区党委、政府监督检查、跟踪问效的办法，督促全区各级人民政府将农村公益文化设施建设与服务经费纳入本级财政预算，按照基本公益文化服务标准，落实提供基本公益文化服务项目所必需的资金。二是建立自治区、市、县三级财政保障常态化机制，支持县（区）"两馆"标准化建设、公共数字文化建设和村综合文化服务中心建设、广电和体育器材设备购置，保障农村公益文化设施建设与服务体系良性运行。三是将村综合文化服

务中心纳入中央免费开放补贴范围，将实施文化脱贫行动计划所需资金纳入各级政府预算管理，加大资金投入，确保文化脱贫行动计划顺利实施。四是进一步明确保障乡镇综合文化站基本服务的刚性投入指标，形成财政投入机制长效化。五是引导企业、民间社会组织和个人投资、捐助与自办文化，鼓励更多热心公益文化的社会力量参与到乡镇文化建设中来，共建共享文化发展成果。

六、培养落后农村公益文化管理和服务的人才队伍

要把落后农村公益文化人才建设纳入全区培训计划，从知晓文化政策以及掌握农村文化基础知识和基本技能方面进行培训，在培训中提升乡镇文化站管理人员综合素质和能力水平，在培训中发展壮大乡土文化人才队伍。一是建立自治区、市、县三级培训网络，保障落后农村公益文化管理人员每年在各级文化馆、图书馆、党校和职业学院至少集中培训 1 次。二是培养乡土文化能人和民间文化传承人。每年至少组织他们到发达地区学习培训 1 ~ 2 次，或聘请文化名家到贫困市、县（区）进行培训辅导。三是继续实施"阳光工程"——宁夏农村文化志愿者行动计划。根据需要招募文化志愿者和乡村学校、少年宫辅导教师，安排到落后农村综合文化服务中心等地开展文化志愿服务。四是有计划地招聘农村公益文化管理者。五是采取下派文化辅导员、文化能人代管、购买公益岗位、招募文化志愿者驻乡入村协助等办法增强落后农村文化人才力量。六是实施"一员三能"工程，提升县（区）乡村文化管理干部的政治素养、专业技术和服务管理能力。

七、提高落后农村公益文化管理者的服务意识

党的十九大描绘了我国未来 30 多年的宏伟蓝图，2020 年全面建成小康社会，到 2035 年基本实现社会主义现代化，到 2050 年实现富强民主文明和谐美丽的社会主义现代化强国。要实现这些目标任务，必须补齐落后农村公益文化设施建设与服务的短板。要从战略的高度，提高各级领导干部及相关管理者的思想认识，加强落后农村公益文化设施建设，提高落后农村公益文化管理效率和服务水平。要采取措施提高他们的思想认识。一是通过培训和观摩等方式解决领导者的思想认识问题。要将落后地区领导干部和乡镇领导干部纳入文化部

与自治区文化厅培训计划，每年定期分批举办农村公益文化建设县（区）长培训班和乡（镇）长培训班。二是通过推广"总分馆制"等措施，解决农村公益文化服务管理者的服务意识问题。要推行县（区）图书馆、文化馆在乡镇综合文化站建立分馆制，每年下派"两馆"专业人员包站抓点辅导培训，提高农村公益文化服务管理者的服务意识。三是通过农村公益文化管理人员到省、市相关管理部门挂职等措施，解决农村公益文化服务和管理者的管理意识不到位问题。落后地区要制定明确的规定，通过要求农村公益文化管理人员到省、市相关服务管理部门挂职一年等措施，提高他们的管理意识。

八、完善落后农村公益文化管理和服务的体制机制

要坚持问题导向，针对落后农村公益文化管理与服务的新情况新问题，统一指导、因地制宜、兼顾共性与个性，制定完善落后农村公益文化管理制度与服务标准。一是研究制定农村公益文化类社会组织和民间文艺团队、农民文化大院等群众自办文化考核评估机制和服务规范。二是加强督导检查，抓好《公共文化服务保障法》以及宁夏回族自治区《关于加快构建现代公共文化服务体系实施意见》等法律、政策的落实，发挥好文化法律、政策的支撑保障作用。三是创新乡镇党员干部远程教育、广播电视电影、体育、科技、工青妇等公益文化资源的整合积聚机制，既要做好现有设施设备的整合优化，又要做好以后投资项目合理配置，统建、统管、统用，物尽其用，避免闲置浪费。

九、加强政府对落后农村公益文化服务管理的考核和监督

要加强落后农村公益文化服务管理的考核监督。一是把文化建设与经济工作同步规划、同步部署、同步实施，列入财政预算和年度督察，以经济硬实力和文化软实力的共同提高来实现落后农村协调发展和持续发展。二是建立健全考核、激励、问责和监督机制，加大对乡镇和相关部门农村公益文化设施建设与服务的考核权重。三是强化公益性文化产品评价体系和激励机制的导向性，做到群众评议、专家评论和第三方评估相结合，形成刚性的目标管理绩效考评和严格的责任追究制度。四是坚持部门联动，通力合作。建立由宣传、文化、发改、财政、编办、建设、科技等部门参加的农村公益文化设施建设与服务的

联席会议制度，从宣传引导、业务帮扶、设施建设、财政保证等方面发挥各自优势，形成部门合力，共同打造落后农村公益文化设施建设与服务的绩效评估机制。五是建立督察评估机制，制定级别化服务标准和考评细则，对农村公益文化建设的方案实施进展、质量和成效进行动态监测评估和跟踪分析，及时发现新情况、研究新问题、总结新经验，督促落实各项工作任务。六是加强对项目资金使用、实施效果、服务效能等方面的监督和评估。建立考核评价体系，突出群众参与率和满意度测评指标。七是建立群众文化需求反馈机制，鼓励群众参与项目规划、实施和监督。八是要明确乡镇政府的管理责任，将考评结果与乡镇领导的工作业绩及职务提升结合。强化县（区）文化主管部门的业务指导和监管职能，赋予建设规划、政策落实、考评监督等方面的建议权和评价权，将评价结果作为县（区）考核乡镇综合工作的参考依据。

总之，宁夏落后农村公益文化设施建设与服务水平的提高，既是落实乡村振兴战略的必然要求，也是社会主义现代化建设的重要组成部分。要进一步推进落后农村公益文化设施建设与服务工作，努力提高农村群众科学文化素质和道德素质，为与全国同步建成小康社会、实现社会主义现代化强国打下坚实的基础。

主要参考文献

1. 马克思恩格斯全集（第二卷）［M］. 北京：人民出版社，1979.

2. 马克思恩格斯选集（第一卷）［M］. 北京：人民出版社，1995.

3. 马克思恩格斯选集（第二卷）［M］. 北京：人民出版社，1995.

4. 毛泽东文集（第二卷）［M］. 北京：人民出版社，1993.

5. 毛泽东文集（第六卷）［M］. 北京：人民出版社，1999.

6. 毛泽东选集（第一卷）［M］. 北京：人民出版社，1991.

7. 毛泽东选集（第二卷）［M］. 北京：人民出版社，1991.

8. 毛泽东选集（第三卷）［M］. 北京：人民出版社，1991.

9. 毛泽东选集（第四卷）［M］. 北京：人民出版社，1991.

10. 周恩来选集（下卷）［M］. 北京：人民出版社，1984.

11. 邓小平文选（第二卷）［M］. 北京：人民出版社，1993.

12. 邓小平文选（第三卷）［M］. 北京：人民出版社，1993.

13. 江泽民文选（第二卷）［M］. 北京：人民出版社，2006.

14. 江泽民文选（第三卷）［M］. 北京：人民出版社，2006.

15. 习近平. 决胜全面建成小康社会　夺取新时代中国特色社会主义伟大胜利——在中国共产党第十九次全国代表大会上的报告［M］. 北京：人民出版社，2017.

16. 胡锦涛. 坚定不移沿着中国特色社会主义道路前进　为全面建成小康社会而奋斗——在中国共产党第十八次全国代表大会上的报告［M］. 北京：人民出版社，2012.

17. 胡锦涛. 高举中国特色社会主义伟大旗帜　为夺取全面建设小康社会新胜利而奋斗——在中国共产党第十七次全国代表大会上的报告. 新华网，2007-10-24.

18. 江泽民. 全面建设小康社会，开创中国特色社会主义事业新局面——在中国共产党第十六次全国代表大会上的报告. 中广网，2002-11-19.

19. 江泽民. 高举邓小平理论伟大旗帜，把建设有中国特色社会主义事业全面推向二十一世纪——在中国共产党第十五次全国代表大会上的报告［M］. 北京：人民出版社，1997.

20.《中共中央关于制定国民经济和社会发展第十三个五年规划的建议》辅导读本［M］. 北京：人民出版社，2015.

21. 习近平在全国宣传思想工作会议上强调胸怀大局把握大势着眼大事努力把宣传思想工作做得更好［N］. 人民日报，2013-08-21.

22. 中共中央文献研究室. 习近平关于全面深化改革论述摘编［M］. 北京：中央文献出版社，2014.

23. 习近平. 意识形态工作是党的一项极端重要的工作. 新华网，2013-08-20.

24. 习近平. 毫不动摇坚持和发展中国特色社会主义　在实践中不断有所发现有所创造有所前进. 中国网络电视台，2013-01-05.

25. 习近平在中共中央政治局第十三次集体学习时强调把培育和弘扬社会主义核心价值观作为凝魂聚气强基固本的基础工程［N］. 人民日报，2014-02-26.

26. 习近平在中共中央党校建校 80 周年庆祝大会暨 2013 年春季学期开学

典礼上的讲话［N］.人民日报，2013-03-04.

27. 习近平在中共中央政治局第十二次集体学习时强调建设社会主义文化强国着力提高国家文化软实力［N］.人民日报，2014-01-01.

28. 习近平在文艺工作座谈会上讲话［N］.人民日报，2015-10-15.

29. 深入学习《习近平关于全面深化改革论述摘编》［N］.人民日报，2014-06-03.

30. 中共中央文献研究室编.江泽民论有中国特色社会主义（专题摘编）［M］.北京：中央文献出版社，2002.

31. 中共中央关于制定国民经济和社会发展第十三个五年规划的建议［M］.人民出版社，2015.

32. 中共中央关于深化文化体制改革推动社会主义文化大发展大繁荣若干重大问题的决定［M］.北京：人民出版社，2011.

33. 中央文献研究室选编.十六大以来重要文献选编（下）［M］.北京：中央文献出版社，2008.

34. 中央文献研究室选编.十七大以来重要文献选编（上）［M］.北京：中央文献出版社，2009.

35. 党的十七届六中全会《决定》学习辅导百问编写组.党的十七届六中全会《决定》学习辅导百问［M］.北京：党建读物出版社，2011.

36. 中共党史文献选编——社会主义革命和建设时期［M］.北京：中共中央党校出版社，1992.

37. 中共中央文献研究室编.邓小平年谱——一九七五—一九九七（上、下）［M］.北京：中央文献出版社，2004.

38. 中共中央党史研究室.中国共产党历史（第二卷）（1949—1978）［M］.北京：中共党史出版社，2011.

39. 中共中央党史研究室选编.中共党史参考资料（八）［M］.北京：人民出版社，1980.

40. 肖前.马克思主义哲学原理（上册）［M］.北京：中国人民大学出版社，1994.

41. 赵曜等主编. 马克思列宁主义基本问题（全国干部学习读本）［M］. 北京：人民出版社，2002.

42. 夏杏珍. 六十年国事纪要·文化卷［M］. 长沙：湖南人民出版社，2009.

43. 庞松. 毛泽东时代的中国（三）［M］. 北京：中共党史出版社，2003.

44. 徐达深. 中华人民共和国实录（第五卷）［M］. 长春：吉林人民出版社，1994.

45. 邸延生. 历史的回眸：毛泽东与中国经济［M］. 北京：新华出版社，2010.

46. 朱谦之. 文化哲学［M］. 上海：商务印书馆，1990 年.

47. 孙萍. 文化管理学［M］. 北京：中国人民大学出版社，2006.

48. 朱仁显. 公共事业管理概论［M］. 北京：中国人民大学出版社，2003.

49. 游俊，冷志明，丁建军. 中国连片特困区发展报告（2013）［M］. 北京：社会科学文献出版社，2013.

50. 史徒华著. 文化变迁的理论［M］. 张恭启译. 远流出版公司，1989.

51.〔美〕马文·哈里斯著. 文化唯物主义［M］. 张海洋，王曼萍，译. 北京：华夏出版社，1989.

52.〔英〕爱德华·泰勒. 原始文化［M］. 上海：上海文艺出版社，1992.

53. 徐平. 羌村社会［M］. 北京：中国社会科学出版社，1993.

54. 陶学荣，陶欲. 公共行政管理学［M］. 北京：中国人事出版社，2004.

55. 俞可平. 治理与善治［M］. 北京：社会科学文献出版社，2000.

56. 席宣，金春明. "文化大革命"简史［M］. 北京：中共党史出版社，1996.

57. 薛毅编. 乡土中国与文化研究［M］. 上海：上海书店出版社，2008.

58. 孙维学. 美国文化［M］. 北京：文化艺术出版社，2004.

59.〔英〕吉姆·麦圭根著. 重新思考文化政策［M］. 何道宽译. 北京：中国人民大学出版社，2010.

60. 苏旭. 法国文化［M］. 北京：文化艺术出版社，2001.

61. 张爱平等. 日本文化［M］. 北京：文化艺术出版社，2004.

62. 中国农村扶贫开发纲要（2011—2020 年）［M］. 北京：人民出版社，2011.

63. 杜方. 财政支持公益文化设施的现状、问题及对策［J］. 河北大学学报（哲学社会科学版），2009.

64. 门献敏. 论农村社区公益性文化建设的理论基础与战略原则［J］. 探索，2011（1）.

65. 魏希. 新农村建设背景下江西省农村公共文化设施建设研究——以泰和县为例［D］. 南昌大学，2010.

66. 罗光利. 湖南农村公共文化设施建设有效性研究——基于湖南省宜章县的调查［D］. 广西大学，2013.

67. 王富军. 农村公共文化服务体系建设研究［D］. 福建师范大学，2012.

68. 国家统计局住户调查办公室. 中国农村贫困监测报告 2015［M］. 北京：中国统计出版社，2015.

69. 国家统计局住户调查办公室. 中国农村贫困监测报告 2016［M］. 北京：中国统计出版社，2016.

70. 国家统计局住户调查办公室. 中国农村贫困监测报告 2017［M］. 北京：中国统计出版社，2017.